科学新悦读文丛

MATHEMATICS
IN NATURE, SPACE AND TIME

数学也可以这样学

自然、空间和时间里的数学

[澳] 约翰 · 布莱克伍德（John Blackwood）著
洪万生 廖杰成 陈玉芬 彭良祯 译

人 民 邮 电 出 版 社
北 京

内 容 提 要

我们是如此需要数学，以至于从远古时代的古巴比伦人开始就已经积累了一定的数学知识。不过，那时的数学还只是观察和经验所得，没有烦琐且枯燥的证明。经过漫长的发展，数学逐渐成为学习和研究现代科学技术必不可少的基本工具，但同时它也成为让不少学生十分苦恼的一门课程。本书汲取最原始的经验，从生活出发，通过有趣的画图练习和模型制作等，向读者展示自然、空间以及时间里的数学知识。“一沙一世界，一花一天堂。”飘落的雪花是几何，太阳、月亮的运转是周期，叶子的节点是数列……换个方式看数学，你将发现自然的美丽及宇宙的秩序。

编 者 说 明

本书作者任教于华德福教育体系，这是他针对澳大利亚 12~14 岁的学生所需要掌握的数学知识，为授课老师准备的一些教学素材。本书内容比较生活化，且形式活泼，步骤详尽，通过大量彩图，引导学生认识自然、空间以及时间里的数学。我国教授的数学通常比国外的难度大，所以本书也适合我国 10 岁以上的孩子自己阅读。

华德福的教育方式强调学习与生活经验的联结。对教师和家长而言，点燃孩子的学习热情远胜于掌握某个知识点。对学生而言，概念与实践的结合会带来无限惊喜。数学不只是计算与公式，更是探索、兴趣与应用，它也是一项重要的生活技能。

为了更好地呈现原著的魅力，书中配图的文字没有用中文替换，而是在必要的地方，在图的旁边（或下方）附上了对图中文字的翻译，以辅助理解。

书中部分地方出现了一些英制单位和日常生活或学习中不常用的单位，在此统一说明。in——英寸，1in=0.0254m；ft——英尺，1ft=0.3048m；yd——码，1yd=0.9144m；rad——弧度，1rad ≈ 57°；grad——百分度，$1grad=1^{g}=0.9°$。

目录

第3章　柏拉图立体

第4章 节奏与周期

致　谢

参考文献

导 论

一篇发表于《悉尼晨锋报》上的文章（2001 年 12 月 20 日），引述了在教会学校任职的约翰·梅特卡夫所说的一段话："孩子被教导说，数学是一种描述世界的语言——一种由上帝所创造的语言……"

这也是我多年来的感受，而且只要严肃对待，我认为这是可以走得非常远的一条路。这条路表明，在自然之书中有一个秘密等着被揭示，我们这个世界不只是一个长程的、概率上的偶遇，也不是通过各种令人不安的推断过程可以计算的，没有一个具有实践经验的工程师会梦想可以这么做。

有一种观点主张，数学的世界是由假设的理念构成的一种抽象的集合体。这些理念本身没有什么实际意义，有的只是与理解外在世界有关的便利性与实用性。虽然有些学者提到过这一点，但对于数学是如此有用的这个事实，我们通常视而不见。

还有一种观点认为，数学在多元的意义上是诸神的语言。可以说，我们的心智对数学与几何概念的理解，只是让这个世界存在的那些作用力的残余。这种观点并不是假定我们的思想只是知识上的一种假设，只是心智的影子，它其实是一条真实的通道，引领我们进一步了解大自然这个工作室。

对我来说，莎士比亚所谓的"被思维盖上了一层灰色"（译注：《哈姆雷特》，朱生豪译），只适用于我们现在浅薄的智力，而非思想生命可以到达的最终境界——正如鲁道夫·斯坦纳在他的《灵性活动的哲学》（*Philosophy of Spiritual Activity*）一书中指出的："有了思维活动，我们就已经掌握了灵性的一个小小角落。"

毋庸置疑，在这些角落中还有各种变化，而这整件事情可以无止境地辩论下去。令人惊讶的是，数学概念与细心观察到的现象之间的相互吻合（比如图 I.1 所示的广义螺旋形）所带来的惊喜，可以让我们忙于探索，激发我们的好奇心。它们无疑是重要的。

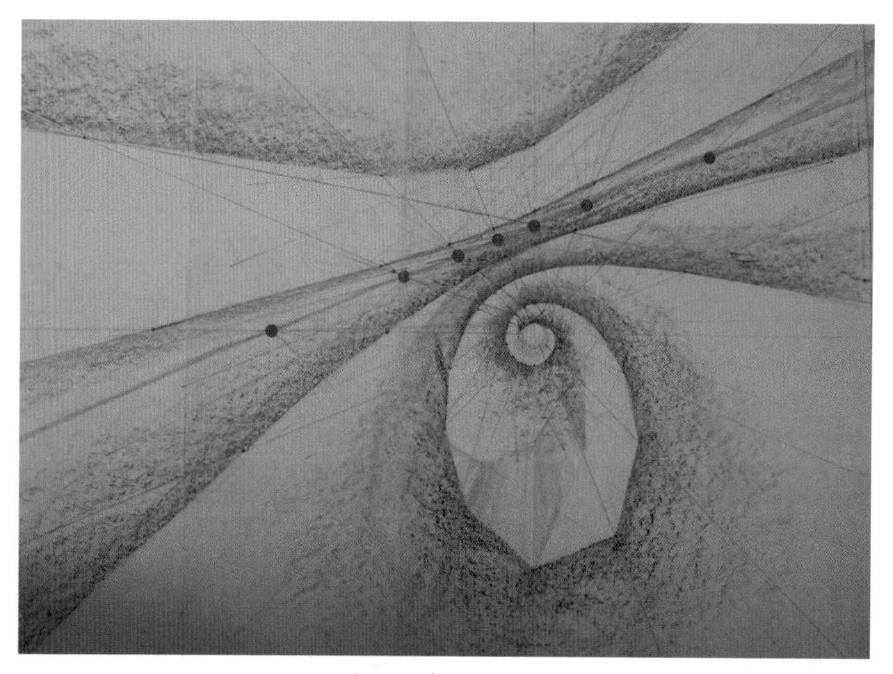

图 I.1　广义螺旋形

本书包括我教授七、八年级学生的主要内容。每一个课程单元都需要超过 3 周的时间来完成，在我们的学校——澳大利亚的斯坦纳学校，每天早上有一个半小时的上课时间。

每位教师都以不同的方式来教授这些课程，而其成果就学生、教师、地点及时间而言，都是独一无二的。不过，对我而言，似乎存在着一条我们共同努力打造的“黄金线”。

学生学习每年设置的课程，我们也在教授这门课程的过程中对它有了进一步的理解。我常想，如果我们无法以身作则，又如何要求学生产生学习兴趣呢？如果连我们都做不到，学生又如何做到？教师与学生之间，必须是一种等式关系。

这些内容是我们对数学主题的贡献。

我要感谢许多学生与友人，他们的作品为本书提供了很多实例。倘若我无法亲自指明他们的贡献，在此也要诚挚致歉。

当然，这些内容只是我个人的选择，其他人还会有许多其他的选择。然而，这是我经过 20 多年的教学所积累的素材，它引起了许多学生与同事的兴趣，这从材料复印的次数就可以看出来！

约翰·布莱克伍德

第 1 章　大自然中的数学

从青春期开始，年轻人便有一种越来越强烈的需求，他们希望能够将自己对世界的想法与他们的实际经验结合在一起。数学，尤其是几何学，此时便在我们周围许多大自然的奇迹中显露出来。发自我们内心深处的某些东西，呼应了我们身边的这些现象。

以下所呈现的一些教学主题概要（见图 1.1），来自我多年前在斯坦纳学校教过的一门特别的课程，我试着涵盖我认为属于这个时代的内容。当然，还有其他许多内容可以纳入，这里只是我在当时所教授的部分内容。

我按照当时授课的顺序，选取了一些典型的练习。有时候提供了一些课堂活动建议，有时候给出了一些练习的指引。

图 1.1　学生的作业簿封面，提示了 3 周内课程的主题与学习内容

作图技巧回顾

我们来看几个简单的几何作图实例：平分一个角，画一条已知直线的垂线，再画一道如图 1.2 和图 1.3 所示的彩虹——就从这里开始吧。

作图要用到圆规和直尺。对我而言，小心使用圆规是必须永远强调的事。准备一把好用的圆规，两脚不会晃动，也不会自动张开，还要有削尖的铅笔芯；一把边缘齐整的直尺，长度必须有 30cm 或更长一些。这两种工具是必备的。

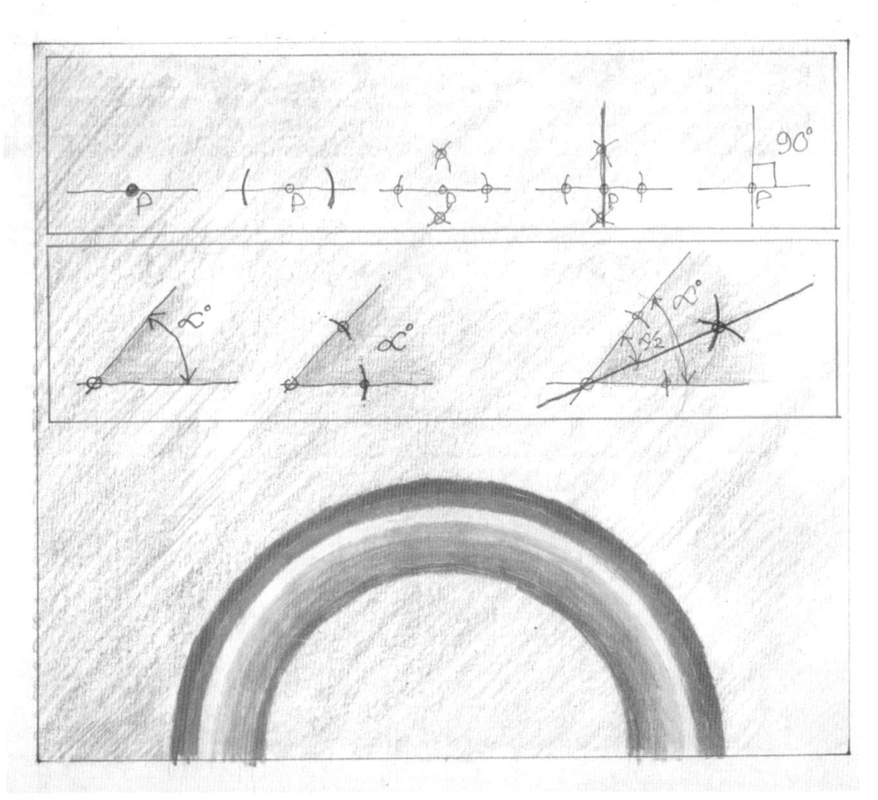

图 1.2　过点 P 作已知直线的垂线，平分一个角，并且画一道彩虹（圆规作业）

图 1.3 横跨悉尼上空的双彩虹

练习一：画已知直线的垂线

① 画一条直线p，在其上选择一点P，通过点P作直线p的垂线，如图1.4所示。

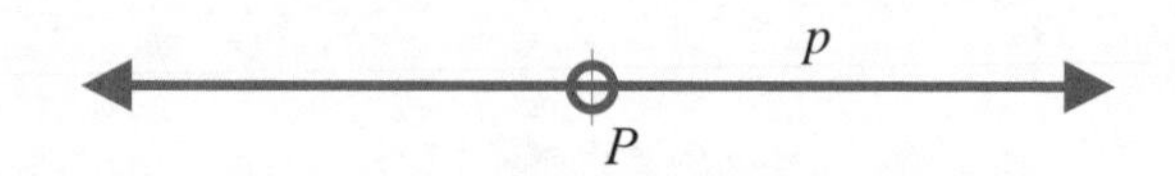

图 1.4 画一条直线并在其上选择一点

② 任取一个半径（如 5cm），将圆规尖点置于点 P 上画圆，圆与直线 p 分别相交于点 A 和点 B，如图 1.5 所示。

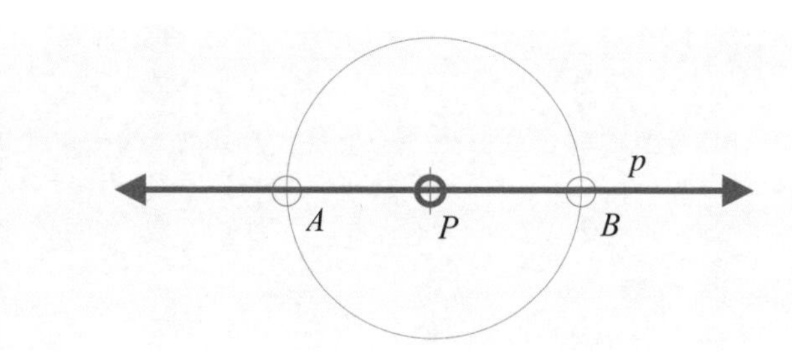

图 1.5 用圆规画圆

③ 取大于 5cm（如 7cm）的半径，分别以点 A 和点 B 为圆心画两个圆（或两条圆弧），它们相交于点 C 和点 D，如图 1.6 所示。

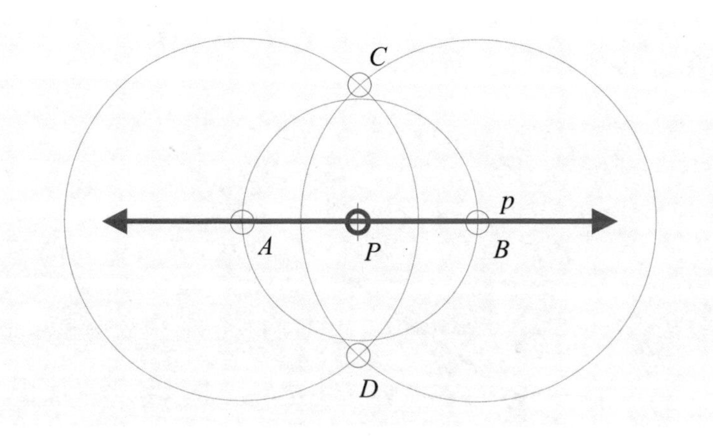

图 1.6　画两个大圆

④ 连接点 C 和点 D，如图 1.7 所示，我们就得到了所需的过点 P 且垂直于直线 p 的直线。

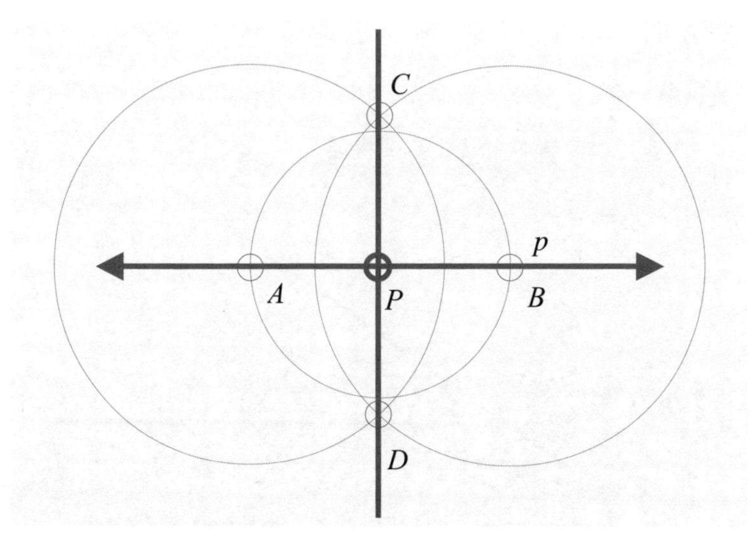

图 1.7　连接点 C 和点 D

下面是一个属于入门级的更加简单的例子。

练习二：平分任意给定角 α

① 画直线 b 和直线 c，二者交于点 A 并形成一个夹角 α，如图 1.8 所示。这是两线之间待平分的角。

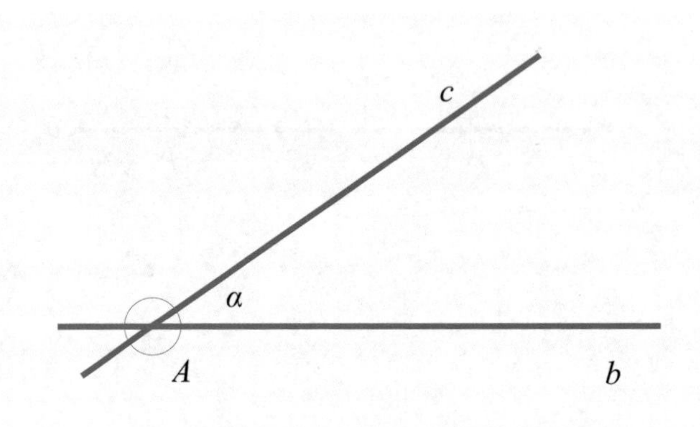

图 1.8 画两条相交直线

② 任取一个半径（如 5cm），并将圆规两脚张开到此半径的大小。置圆规尖点在点 A 上画圆（或圆弧），圆与直线 b 和直线 c 分别交于点 B 和点 C，如图 1.9 所示。

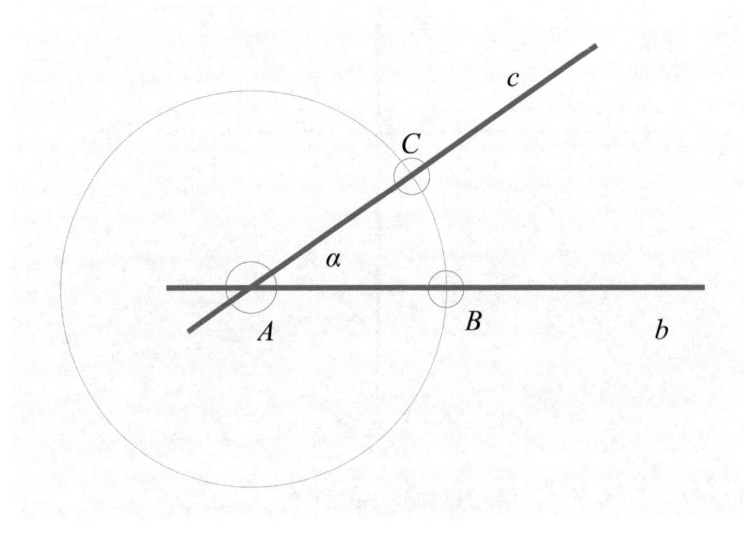

图 1.9 以点 A 为圆心画圆

③ 选取同样大小的半径（如 3cm），分别以点 B 和点 C 为圆心画圆（或圆弧），二者交于点 D，如图 1.10 所示。

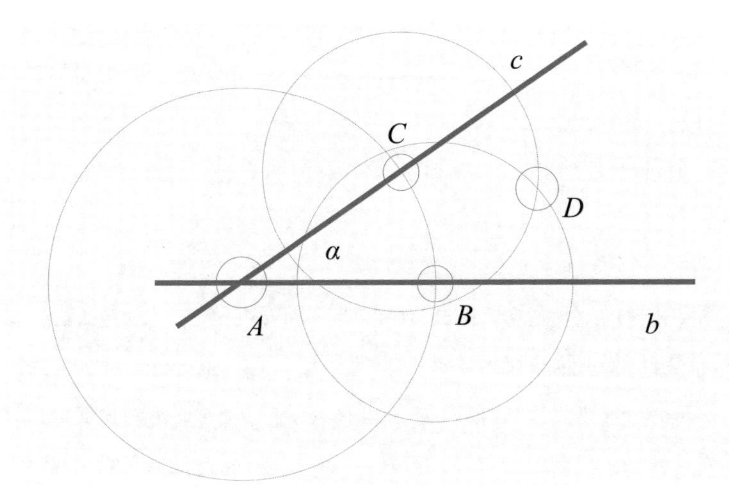

图 1.10　分别以点 B 和点 C 为圆心画圆

④ 最后，连接点 A 和点 D，如图 1.11 所示。AD 就是所求的角 α 的平分线，其中 $\angle BAD = \angle CAD = \beta$，因此 $2\beta = \alpha$。

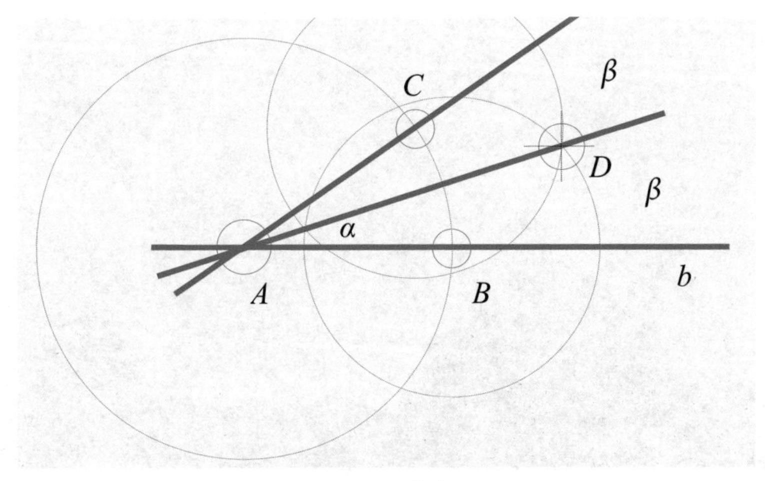

图 1.11　画直线 AD

上述的这两个作图技巧将会用在未来绘制其他的图形上，只是在必要时简短地引用。

练习三：画彩虹

在大自然中，究竟什么拥有明显的几何结构？答案是：非常多的东西，只要我们看得够深入；一个令人愉悦的候选者经常现身于骤雨过后的天空中（见图 1.12）。

第三个练习是画彩虹。当彩虹横跨天边时，我们可以用手机拍下这个令人欣喜的景象。先画出同心圆，然后涂上适当的颜色，这是一个很棒的练习。注意，红色是在明亮的虹的外侧，在黯淡的霓的内侧。

通常虹霓有 7 种颜色，Richard Of York Gained Battles In Vain 是为红、橙、黄等设计的一种记忆术 [译注：西方顺口溜。Richard 对应 Red（红），Of 对应 Orange（橙），York 对应 Yellow（黄），Gained 对应 Green（绿），Battles 对应 Blue（蓝），In 对应 Indigo（靛），Vain 对应 Violet（紫）]。

图 1.12　一道呈圆弧状的彩虹

① 画一条水平线段。

② 在线段上（线段中点附近）标记一点当作圆心。

③ 取一把圆规，使其两脚张开约为此线段一半的距离。

④ 用圆规画出 8 个半圆（形成 7 个空间），其中每一个半圆的半径都比前一个大一点（如 3mm）。

⑤ 在半圆与半圆之间着色（见图 1.13）。

在灰卡纸上以蜡笔完成此项工作，它看起来令人惊奇。图 1.13 中只有 3 个同心圆，这模仿的是我在悉尼清晨所见的一道真实的彩虹，当时阳光还不够强。要将这种奇迹转换到纸上，并且让它还能保有魔幻般的光泽，简直太奇妙了。

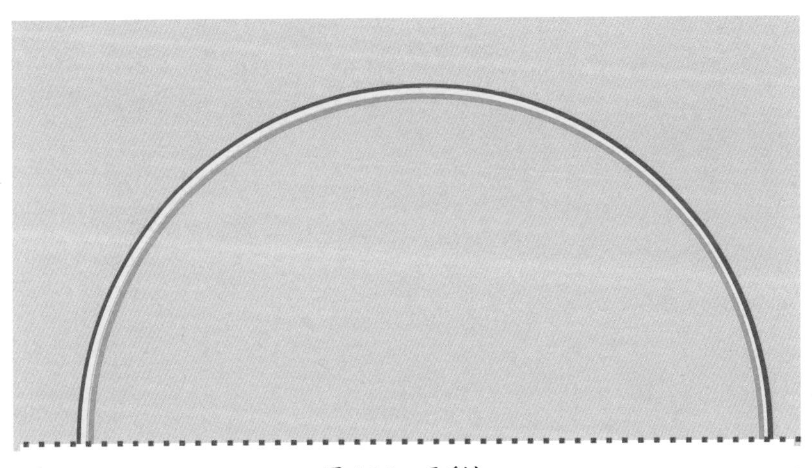

图 1.13　画彩虹

圆的形式

我们在哪儿看到过圆形？试着丢一颗石头到池塘里，波纹会从撞击点开始不断向外扩散。

练习四：通过点与直线画同心圆

用绘制角平分线的方法，将圆（周）十六等分，最终将得到一系列由相近切线所构成的同心圆。

① 首先，在纸的正中间轻轻画一条**水平线**。然后，利用练习一中作直角的方法，再画一条水平线的**垂线**，两线的相交处为点 O，如图 1.14 所示。

② 将 4 个直角二等分，再将这 8 个新形成的角二等分。以点 O 为圆心画一个圆，这将会形成围绕点 O 的 16 个等分点，如图 1.15 所示。现在，相邻两直线之间的夹角是 $360°/16=22.5°$。

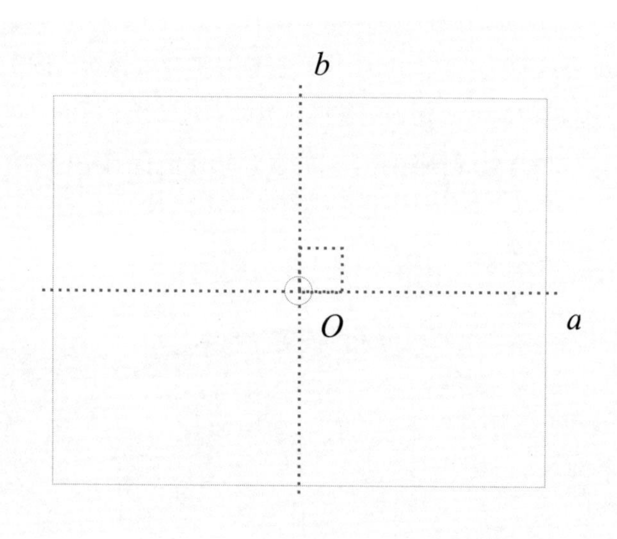

图 1.14　画水平线和垂线

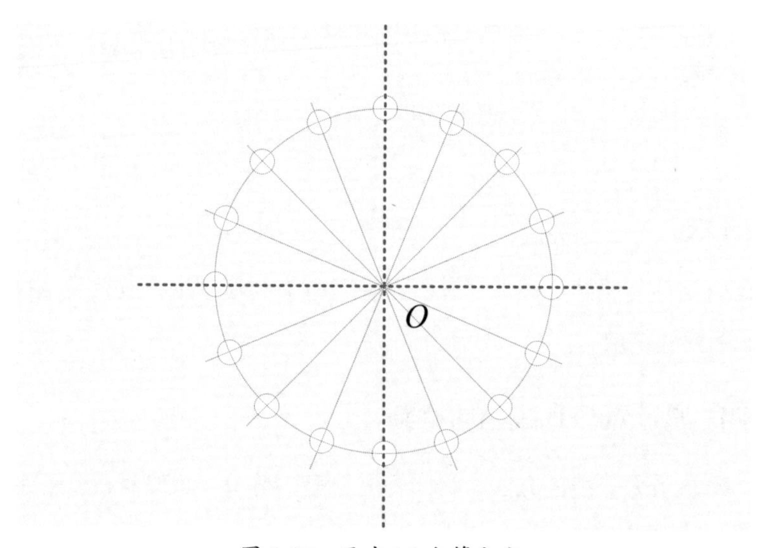

图 1.15　画出 16 个等分点

③ 为了画出一个同心圆，接下来沿着圆周连接相隔一定份数（如 5 份）

的等分点，如图 1.16 所示。将等分点以 1 到 16 的数字来标示，这样就容易依序连下去了。

④ 从包含 16（= 2 × 16 ÷ 2）条直线的直线族造出这样的圆之后，试着再连接每隔 6 份的等分点，然后试着连接每隔 7 份的等分点，等等。

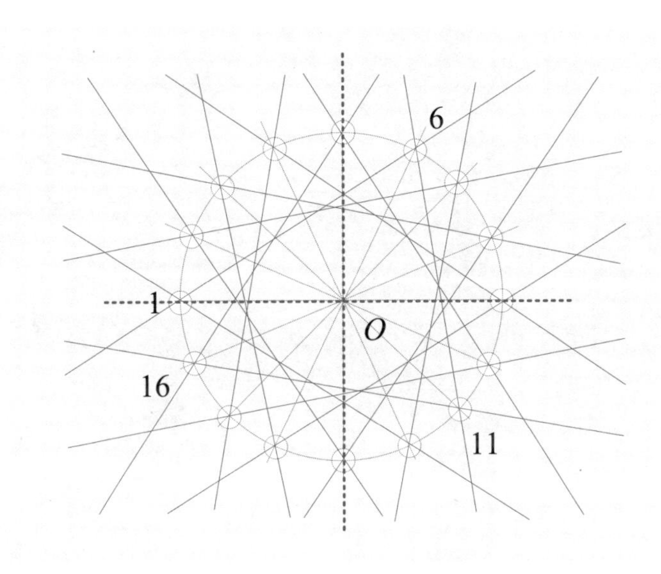

图 1.16　连接相隔一定份数的等分点

最终我们将得到一族近似圆，它们都是由同心圆的切线所构成的。如果每一个这样的圆又由不同颜色的直线所构成，那么将形成一个更加有趣的图形（见图 1.17）。通过上述的方法，我们获得了一个纯粹由一系列有序的直线所构成的**图形**。开动大脑，你还会画出更多像这样神奇的东西。

在绘图的过程中，连接两点的直线还**超出**了这两个点。本质上，一条直线可以无限长，两个点只是定义了它的位置。

圆形到处都有，例如花朵的螺旋纹、太阳的圆盘、月亮的截面以及池塘中扩散的涟漪（见图 1.18）。

下一个练习将探索一些不符合圆的特征的图形。

◀ 图 1.17　同心圆

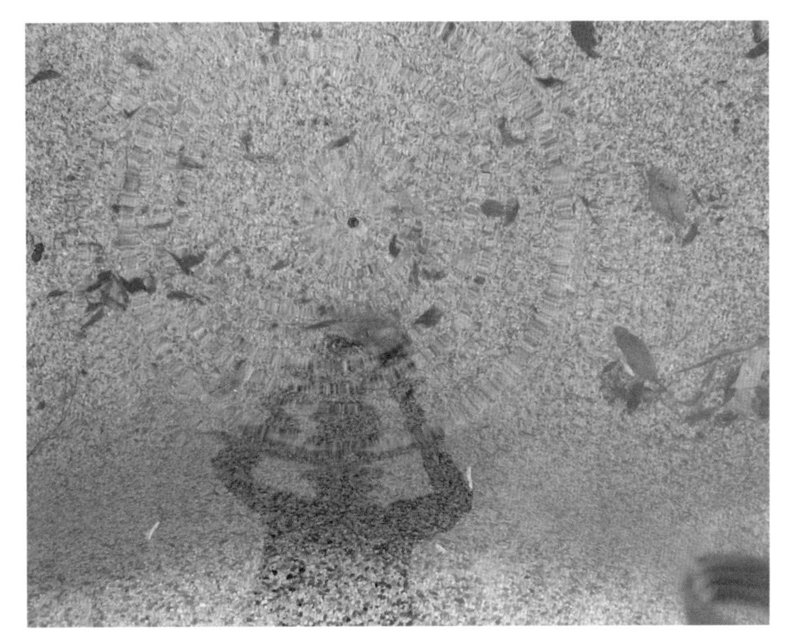

图 1.18　池塘中的许多同心圆

练习五：构造其他形式

圆的构造可以如练习四所示，如果我们在作图上做一点小小的调整，就会出现相当不同的其他形式。让我们先作图，然后看看身边是否有这样的东西存在。

① 在纸的下方画一条水平线 a 和一条垂线 b，二者相交于点 O，如图 1.19 所示。

② 通过点 O 画等角的辐线。在本例中，我们选定相邻两直线的夹角为 15°。

③ 画一个圆，使其圆心略高于点 O，然后以数字（1 ~ 24）标示圆与 20 条辐线和两条坐标轴相交的点，如图 1.20 所示。

④ 连接每隔 5 份的分割点，使这些直线穿过这个圆（见图 1.21），这将构造出第一条曲线。

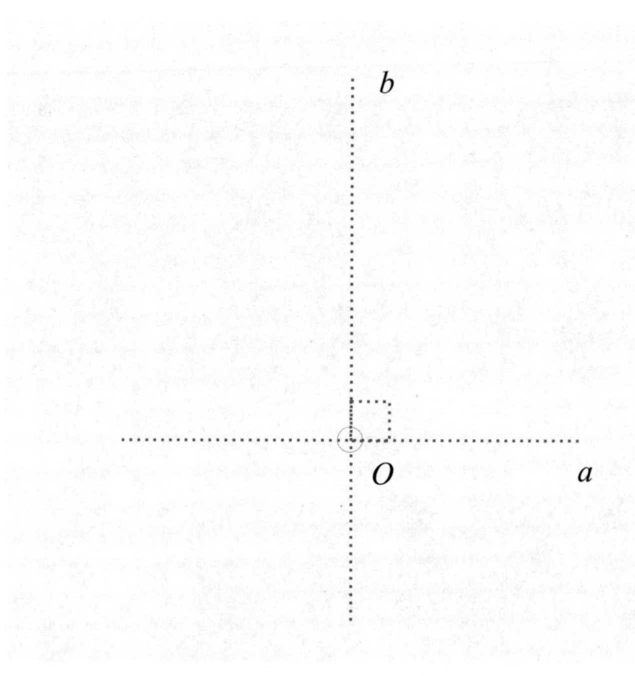

图 1.19　画水平线和垂线

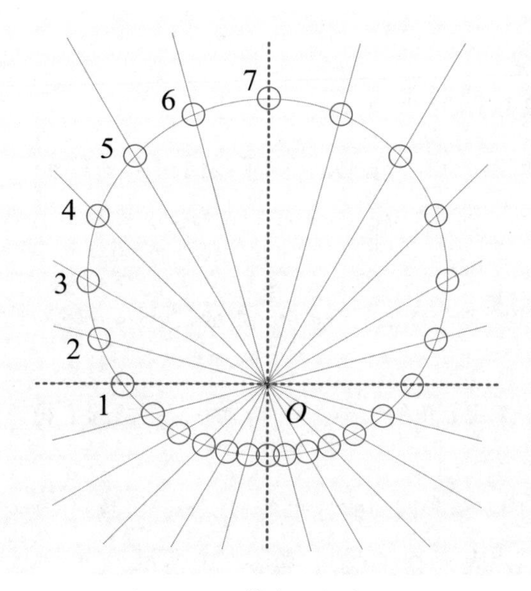

图 1.20　画等角的辐线与圆

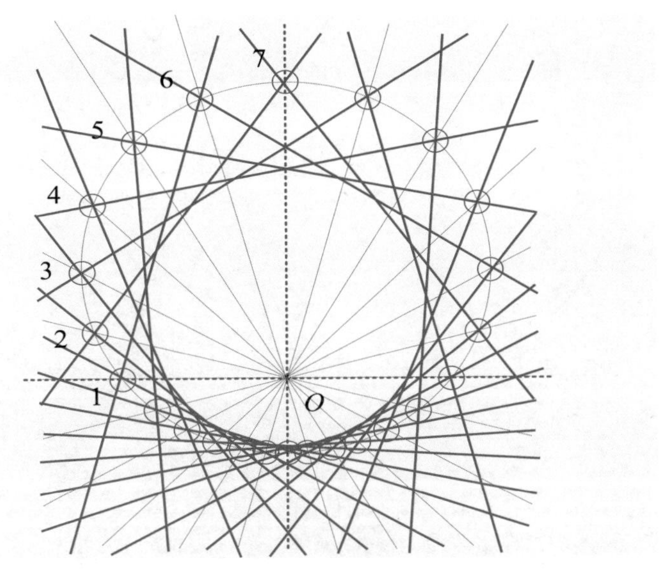

图 1.21　连接每隔 5 份的分割点作直线

另外，正如在之前作图中那样以不同颜色的直线连接每隔两份、3 份……的分割点，这里给出了由切线所构成的若干近似卵形的图形。一系列不同的**形式**就出现了（见图 1.22）。

⑤ 图 1.23 的素描图显示的是这些曲线或近似卵形的全族的一部分。许多作图如连接每隔 6、7、8、9 份的分割点，可以依此类推。当圆位于正中心时，这些直线会构成同心圆（见图 1.17）。不过，当这个圆偏离中心位置时，嵌套的卵形就会出现。

如果选择偶数标示的点，你必须有一个以上的起点，以得到完整的图形。如果是奇数点，则终将回到同一起点上。

你在生活中见过这样的卵形吗？这种形状看起来有点像椭圆。暂且不管它们是不是真的椭圆，我们会注意到某些蛋的样子从外观上看非常接近这些形状。

鸸鹋蛋是一个很好的例子。经过精确的分析，它很接近椭圆，但又不完全是（见图 1.24）。其他动物的蛋也类似，不仅是鸟蛋，澳大利亚的鸭嘴兽和针鼹也有椭圆形的蛋。如此已足以表明：蛋与概念性设计的卵形具有显著的相似性。

1
2
16
15
13
12
11
10
9
8
7
6

◀图 1.22　嵌套的卵形

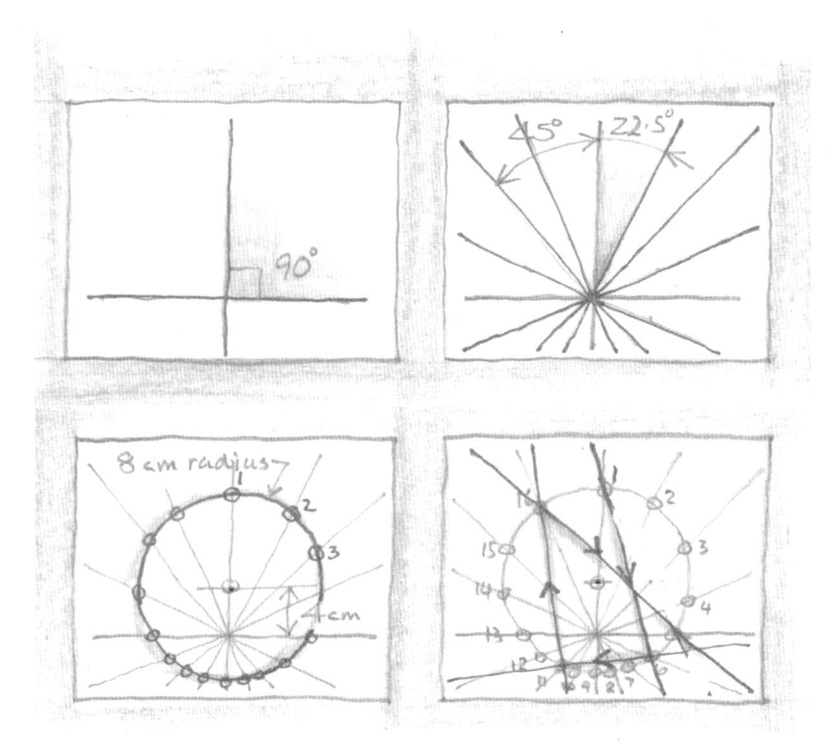

图 1.23　卵形作图

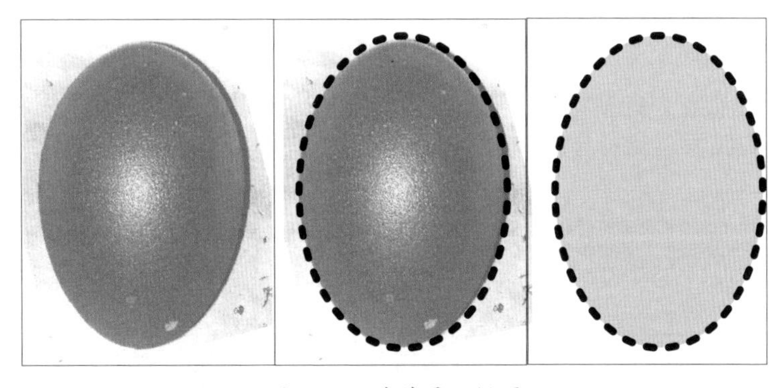

图 1.24　鸸鹋蛋及椭圆

如果以圆为出发点，当把圆一分为六时会发生什么事情？这是值得探索的一件事。大自然中有对六重特性的表征吗？这一点是确定无疑的。

正六边形的形式

我们曾经画过很多六重对称的例子，如图 1.25 所示。我们要鼓励学生找到他们自己的例子，越多越好。当许多双眼睛（包括父母及朋友的）一起四处寻找时，可以找到的资源会令人惊讶！

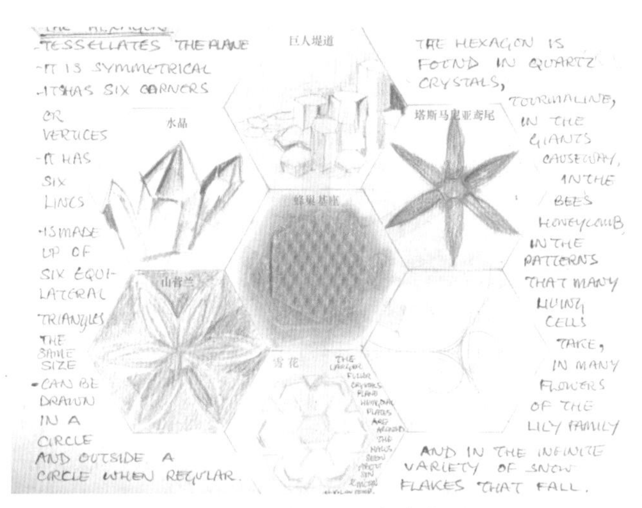

正六边形是对称的，有 6 个角（或顶点）和 6 条边，它由大小相等的 6 个等边三角形构成，可以画一个外接圆和一个内切圆。

图 1.25　各式各样的正六边形

生活中的六边形图案很多。蜜蜂一直在做这件事，人工蜂巢基底的搭建可以由蜂蜡（见图 1.26）压印而成。我自己养蜂，因此观察过蜜蜂如何利用人工基底筑巢，过程相当引人入胜。水晶（见图 1.27）经常显示出六重对称的特点。许多花朵，尤其是百合家族也展示了这个特征。图 1.28 所示的是新南威尔士州的兰花，它也充分展示了六重对称特征。

图 1.26　蜂蜡

图 1.27　水晶

图 1.28　兰花

如何运用圆规、铅笔和直尺来制作一个正六边形？简单！

对于自己作图的精度，有一个好的检验方法，就是按照图 1.29 所示方法，用圆规在圆周上依次画出 6 道弧线，圆弧的半径与该圆的半径相等。最精确的画法是最后的圆弧既不会超过起始点，也不会够不到起始点！试试看。

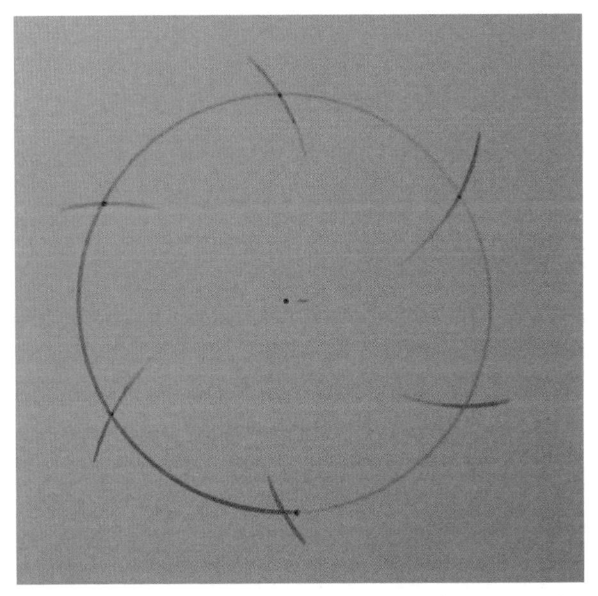

图 1.29　检验我们作图的精度（此图有些许误差）

练习六：绘制一个正六边形

① 先画一个半径约 5cm 的圆，圆心为 O。通过点 O 画一条水平线，与圆相交于点 A 和点 B。

② 将圆规尖点置于点 A，以圆的半径为半径画弧，标记出圆弧与圆周的交点。针对点 B，也同样画弧。

③ 依次通过相邻的两点作直线，分别连接点 A 和点 C、点 C 和点 D、点 D 和点 B、点 B 和点 E、点 E 和点 F、点 F 和点 A，就得到了所求的正六边形，如图 1.30 所示。

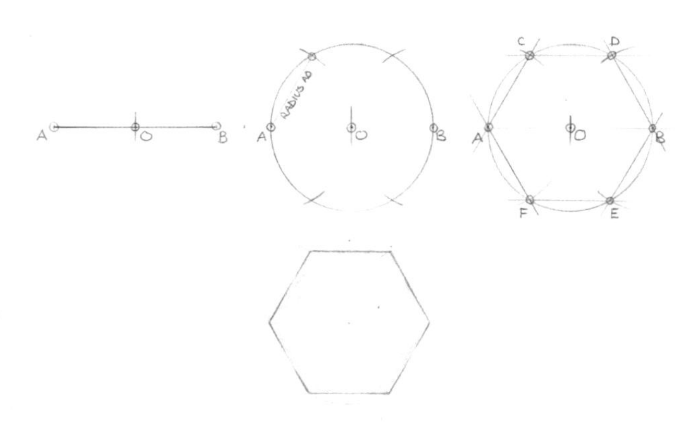

图 1.30　画正六边形

练习七：造一片雪花

另一种在大自然中凸显了六重对称性的六边形是雪花。制作一个纸片“雪花”的方法如下。

① 取一张薄的白色 A4 纸，用圆规在其上画一个半径约为 8cm 的圆。

② 如同练习六一样，绘制一个正六边形。

③ 整齐地切下这个正六边形。

④ 沿着一条对角线对折正六边形。

⑤ 将对折后的正六边形继续折叠，直到形成一个等边三角形。

⑥ 从原正六边形的中心点想象一条通到底边的直线，平分等边三角形 60° 的顶角，沿着这条直线再对折一次，将得到一个直角三角形，如图 1.31 所示。

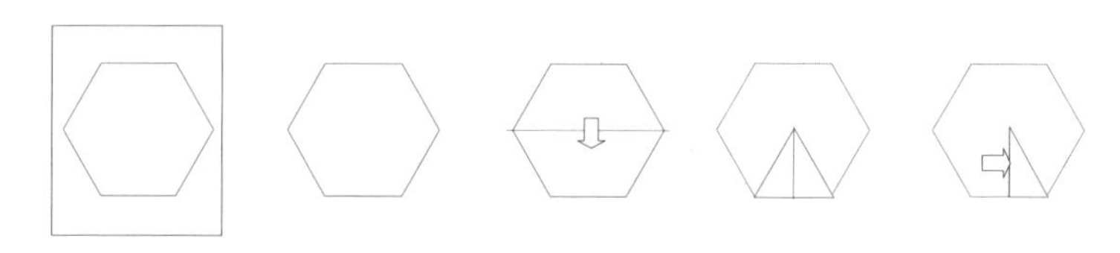

图 1.31　由正六边形折叠得到直角三角形

⑦ 你可以用各种模仿雪花的裁剪方式来进行切割 [可以参考本特利和汉弗斯的惊奇之作《雪片水晶》(*Snow Crystals*)，其中有种类繁多的雪花照片]，图 1.32 是一个典型的切割图。

⑧ 展开纸片，小心不要撕破纸张，如此我们可以得到一个如图 1.33 所示的巨大“雪花”！学生们通常会很喜欢这个作业。

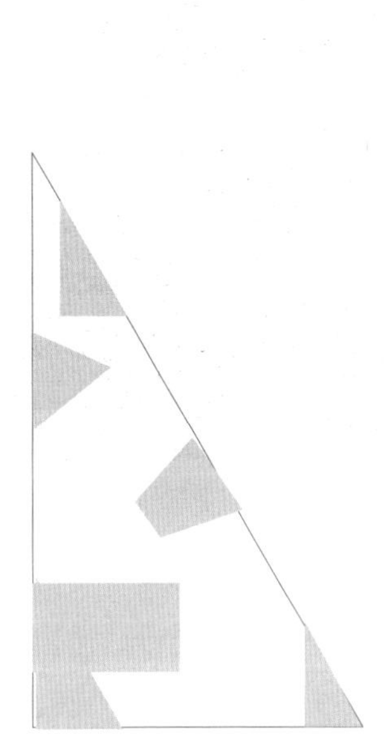

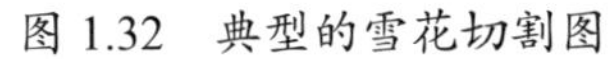

图 1.32　典型的雪花切割图

图 1.33　展开纸片后形成的雪花

螺线的形式

像上述这样的练习，让我们看到在自然界中，有大量符合几何或其他数学特征的东西。这意味着数学隐藏在自然界宽广的表现形式中吗？可能是另外的情况吗？这些问题或许较次要，但的确值得许多科学家思考。

起初，形状是简单且易于构建的。下面我们讨论的是一种按特别的方式**弯曲**的形状。这样的形状也存在于大自然中吗？首先，我们来认识一种经典的螺线。

阿基米德螺线

阿基米德螺线也被称为绳索螺线，这是一种用一段绳索就很容易构造的螺线，如图 1.34 和图 1.35 所示。先握住绳索的一端，旋成一个紧密的圆，一直绕到绳索的另一个端点。

这种螺线有一个特性：每绕一圈，螺旋就以相同的幅度变大一点，它会逐步递增，只要绳子足够长！

图 1.34　绳索螺线

图 1.35　以绳索作为典范：一条阿基米德螺线

练习八：绘制阿基米德螺线

如图 1.36 所示，这条螺线由学生所绘制。

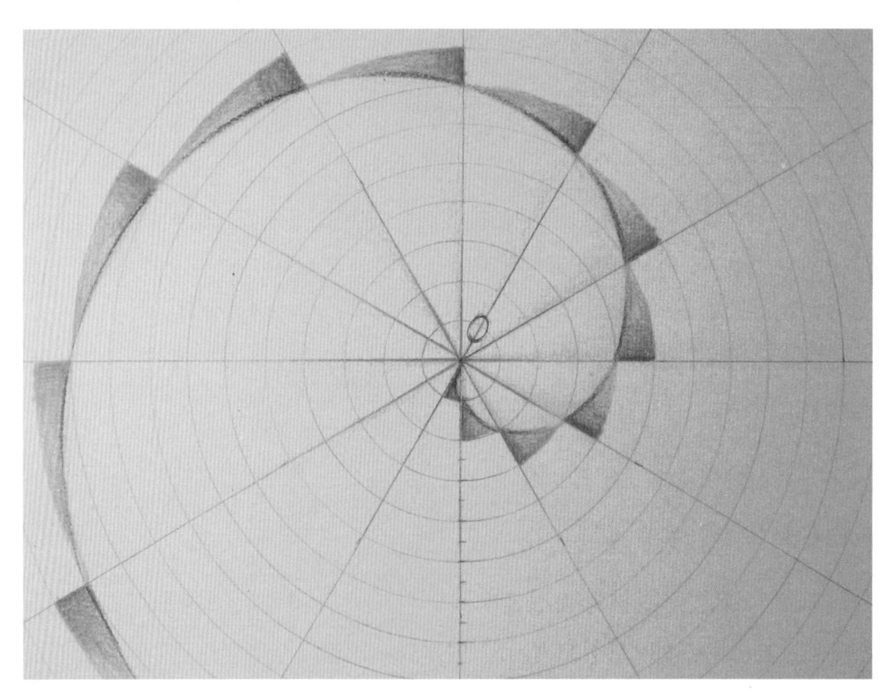

图 1.36　阿基米德螺线

① 先画一条竖直线和一条水平线，二者相交于点 O。

② 以点 O 为中心画同心圆，半径以 5mm 递增。

③ 绕着点 O 每隔 30° 画一条辐线。

④ 从圆心 O 开始，沿着辐线与同心圆的交点依序往外画弧线，每道弧线的弧心角为 30° 。

这是一条特殊且定义明确的螺线。不过，据我所知，它在大自然中并不那么普遍。如果你在自然界中发现了这样的螺线，请与我分享。

练习九：绘制螺线素描图

到此，环顾四周，看看你是否能够在各式物品中，尽可能多地找到一些**一般**螺线形式。少数几个样本如图 1.37~ 图 1.40 所示。

在找到我们身边的螺线的例子后，可以用素描的方式画出来，从贝壳到银河系，从水的漩涡到人的头发（男孩和女孩的头发长得一样吗？），如图 1.41 所示。

图 1.37　蜗牛壳

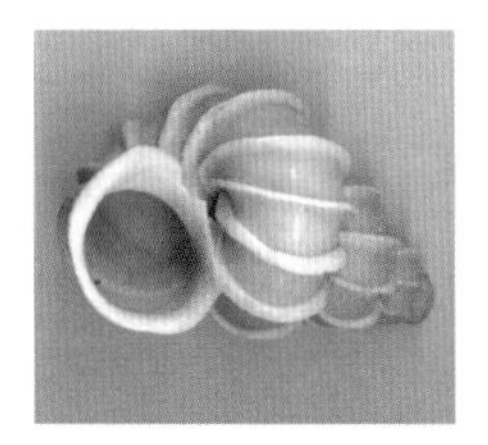

图 1.38　绮蛳螺

图 1.39　来自弗莱贝格的鹦鹉螺化石

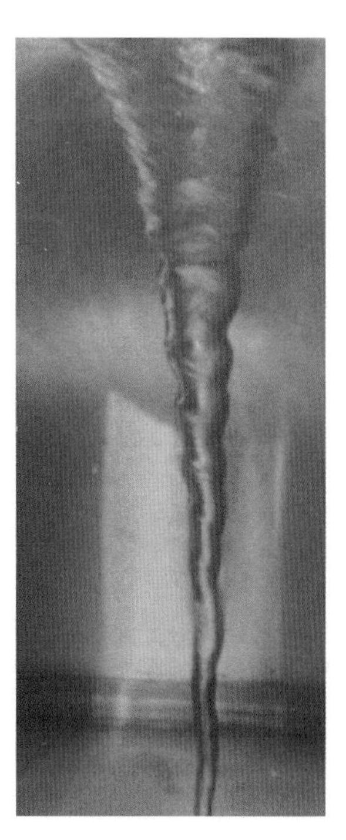

图 1.40　水的漩涡

图 1.41　各种螺线的素描图

等角螺线

除阿基米德螺线外，还有其他种类的螺线，其中一种就是等角螺线（也称对数螺线）。有趣的是，我们可以再次运用六边形画出一个简单的等角螺线，稍后将加以说明。我们利用圆和六边形作图，不过还需要掌握几个基本的作图方法。

练习十：平分一条线段

我们将需要掌握一个平分给定线段的方法。当然，这可以通过运用直尺度量来完成，但正如此处所示，从几何观点来看，运用圆规和直尺作图更加优雅，而且这是一项值得拥有的技能。

① 画线段 *AB*，图 1.42（a）中是待平分的线段。

② 选取一个圆规，使其两脚所张的距离约等于线段 *AB* 的长度。分别以点 *A* 和点 *B* 为圆心画弧，两弧交于点 *C* 和点 *D*，如图 1.42（b）所示。

③ 连接点 *C* 和点 *D*，直线会穿过线段 *AB*。*AB* 与 *CD* 的交点 *E* 就是使得 *AE* 等于 *EB* 的位置，因此直线 *CD* 也就平分了线段 *AB*，如图 1.42（c）所示。

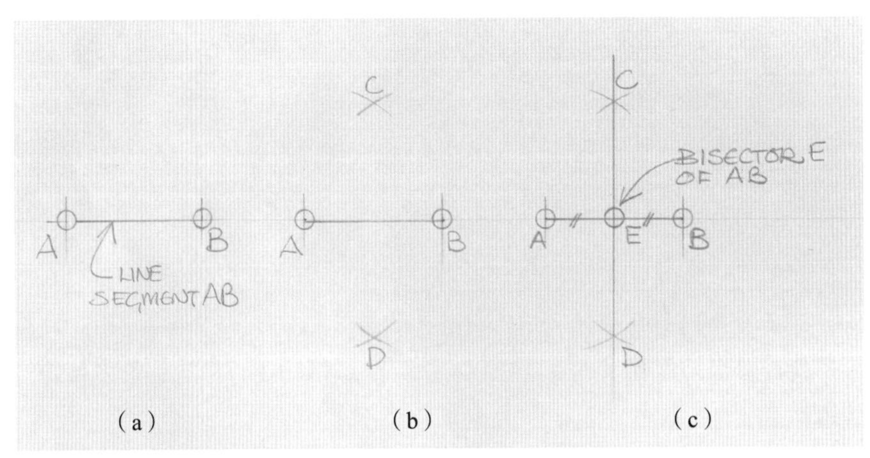

图 1.42　平分线段的方法

练习十一：经由一系列正六边形作等角螺线

现在绘制一系列正六边形，使其层层相套，越来越小，但须按一定的顺序执行。当然也可以以反方向画越来越大的正六边形。这个系列如果持续下去，往外会越来越大，往内会越来越小——永远到不了中心点。

① 画一个半径为 10cm 的圆。在这个圆上，画一个如练习六所示的正六边形，如图 1.43（a）所示。

② 按照练习十的方法，找出这 6 条边中每一边的中点，如图 1.43（b）所示。

③ 连接这 6 个平分点，这会形成另一个更小的正六边形。然后，用同样的方法平分这个更小的六边形的每一条边。

④ 再次连接平分点，我们会得到第三个更小的正六边形，如图 1.43（c）所示。

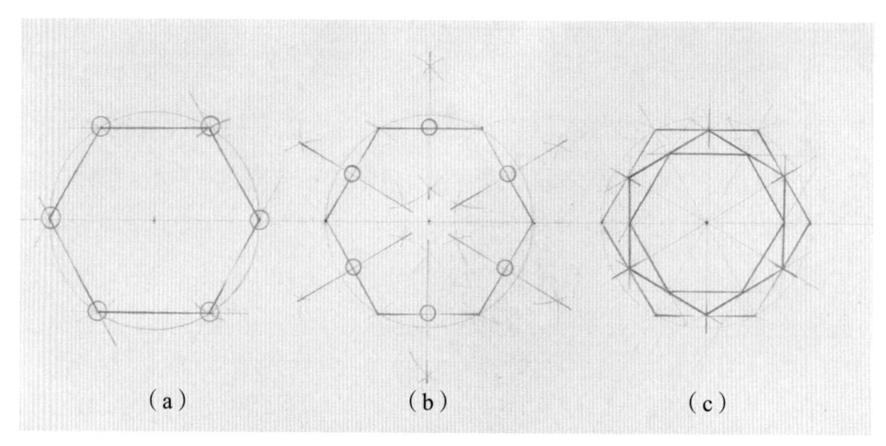

图 1.43　绘制一个正六边形，连接各边的中点，得到一个更小的正六边形，如此持续下去。这些六边形会越来越小

⑤ 找出以逆时针方向环绕且（大小）递减的等腰三角形，如图 1.44 所示。

⑥ 在继续此程序多次之后，这些三角形会趋近原来的圆心。这个三角形系列构造出的就是一个等角螺线，在同一图形中还可以看到许多等角螺线（见图 1.44）。

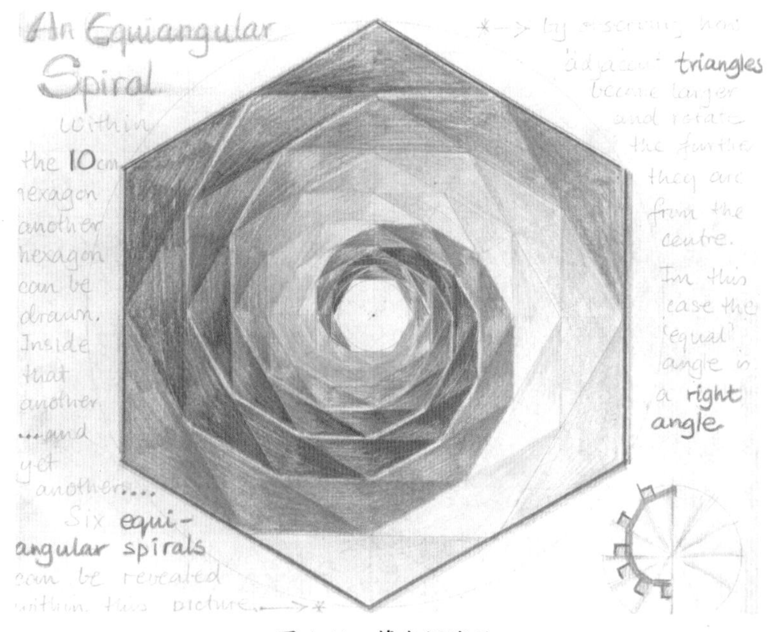

图 1.44　等角螺线族

类似的方法还可以得出其他有趣的效果，学生通常会以他们的想象力为我们带来惊喜！

针对这样的螺线，更一般的（代数的）表达式有点复杂。这些表达式是解析几何的主题，那是我们在更高的年级所要学习的内容。**极坐标**也是我们要学习的一个知识点——尽管现在还没有提及。

无论是推演自递减的正六边形，还是以更一般的表达式呈现，我们所作的螺线都试着收敛到图形的中心点。

当六边形的大小递减时，图将会越来越难画。重点是，我们可以在心理上**想象**它们永远延续下去，趋近页面上**无穷远的一点**，但似乎永远无法到达。因此，我们得到了“局部无限”的概念。

对于一般的表达式 $r=Ae^{b\theta}$ 而言，其图形也是这样的（见图 1.45）。如果我们利用计算机程序来绘制这条曲线，并且让它取连续**递减**的 θ 值，程序将永远不会停止！（如果我们不设限制，程序最终将产生“溢出”现象。）

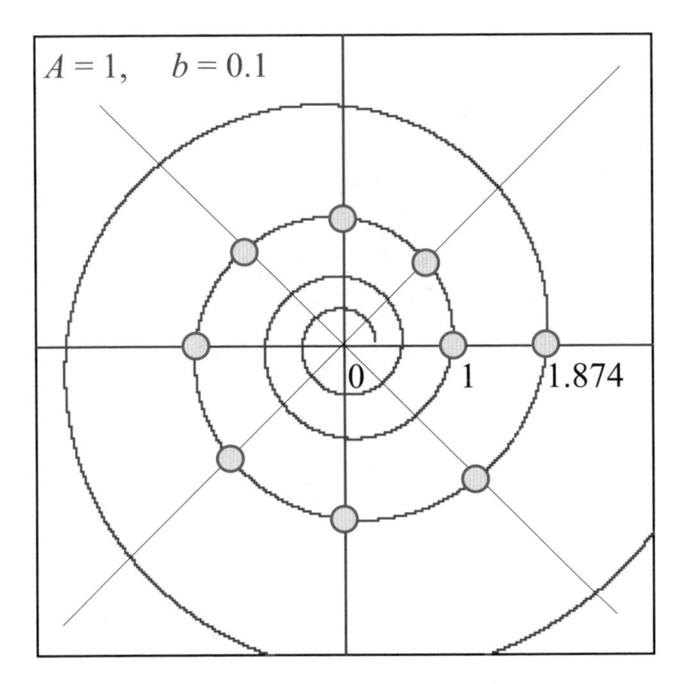

图 1.45　运用 Basic 程序画出来的等角螺线

同样地，对于**递增的**六边形及 θ 而言，螺线将会一直向外扩张。这一点意义深远，我们所画的几何图形不只是一些片段，实际上还蕴涵了这一事实：这样的绘图（至少在我们的心中）可以向无穷远处延伸。这实际上可以应用到**所有的**几何绘图中，而且在某种意义上，我们永远无法绘制出完整的（任一种可以无限延伸的）几何图形！

我们在生活中能够看到像这样的螺线吗？是的！学生们需要观察、寻找并分享他们的发现。在此介绍的少数例子中包括著名的鹦鹉螺（见图 1.46），这种形状在各类设计作品中常被看到。

图 1.46　鹦鹉螺的截面

沿着任意一个锥形贝壳的轴线观察，我们都会看到螺线形式。有趣的是，大部分锥形贝壳的螺线都有一种特殊的“手性”（左旋或右旋）特征。

练习十二：贝壳的手性（左旋或右旋）检视

① 寻找右旋性螺线（即螺线由中心开始，以顺时针方向旋绕，如图 1.47 所示）。贝壳都是右旋的吗？检察你所能找到的贝壳，答案可能令你惊奇！

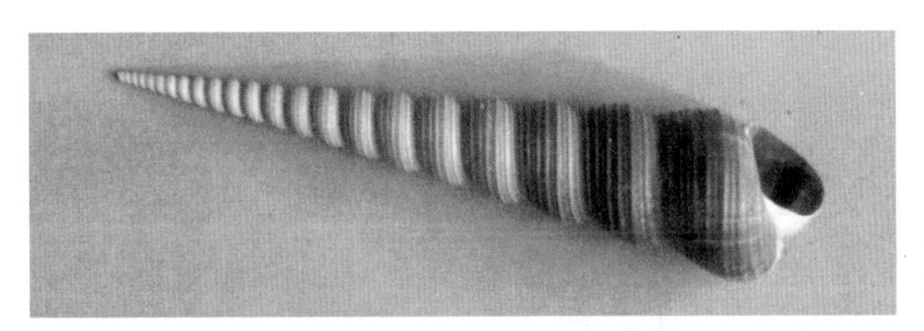

图 1.47　右旋贝壳。从尖端开始看，并且观察要沿着贝壳的哪一个方向旋绕，才会使螺线远离自己

② 寻找左旋性螺线（即螺线由中心开始，以逆时针方向旋绕）。你能找到左旋性螺线吗？这种螺线在大自然中非常少见。努力试试看！来自墨西哥湾尤卡坦半岛的左旋香螺（见图 1.48）就是非常罕见的左旋贝壳。

图 1.48　左旋香螺

让学生阅读一些有关贝壳的书籍，看看他们是否找得到**任何**逆时针（或左旋性）螺线。

其他右旋性螺线的例子还有来自俄罗斯的美丽黄铁矿化石（见图 1.49）和白石螺线贝壳（见图 1.50），以及经常可以在悉尼海边看到的涡轮状贝壳（见图 1.51）。

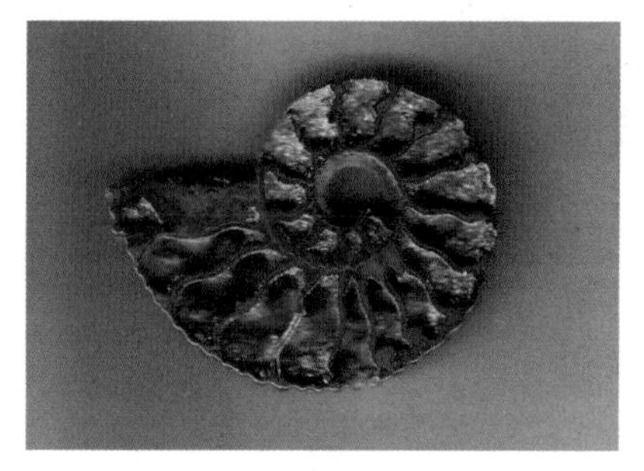

图 1.49　黄铁矿化石
（戴维·鲍登收藏）

图 1.50　白石螺线贝壳
（安·雅各布森收藏）

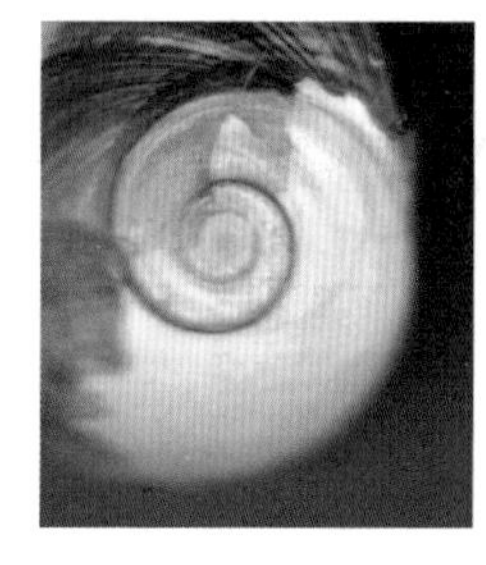

图 1.51　涡轮状贝壳
（来自悉尼海边）

接下来我们将发现，**交互作用**的螺线既有顺时针旋绕的，又有逆时针旋绕的，它们不只出现在贝壳上，在植物界中也有大量的例子。

斐波那契数及其数列

当练习十一中的六边形越来越小时，它们是按**同样的比例**递减的，相当于每一个连续的直径乘以一个**相同的**小于 1 的数。这个数被称为**公比**，它定义了一个特殊的数列。同时应该指出的是，大自然中还有其他具有特殊重要性的数列。

这些具有特殊重要性的数列之一，就是著名的斐波那契数列，出自斐波那契的著作《计算之书》（*Liber Abaci*，约 1202，也译为《算盘全书》《算经》）中有关兔子繁殖的数学问题。其形式如下。

$$1, 1, 2, 3, 5, 8, 13, 21, 34, 55, 89, \cdots$$

在 89 之后的下一项是什么？试着寻找之后的 5 项，并且写出任意项 F_n 的表达式。

练习十三：斐波那契数——芹菜茎及其他

在哪里可以观察到这些斐波那契数？实际上，很多地方都有，图 1.52 列举了一些例子。平淡无奇的芹菜茎，如果在靠近根部处横切出一个截面，那么茎秆间将出现两个不同方向的螺线，而这两个方向上螺线的条数对应于相邻的两个斐波那契数 1 及 2。有趣的是，这些螺线并非真的在那里，而是介于茎秆间。说来话长……

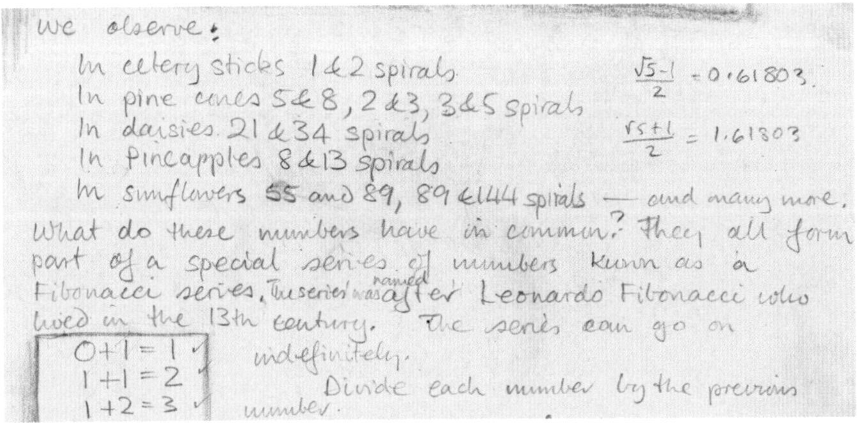

we observe:
In celery sticks 1&2 spirals　　$\frac{\sqrt{5}-1}{2} = 0.61803$
In pine cones 5&8, 2&3, 3&5 spirals
In daisies 21&34 spirals　　$\frac{\sqrt{5}+1}{2} = 1.61803$
In Pineapples 8&13 spirals
In sunflowers 55 and 89, 89&144 spirals — and many more.
What do these numbers have in common? They all form part of a special series of numbers known as a Fibonacci series. The series was named after Leonardo Fibonacci who lived in the 13th century. The series can go on indefinitely.
0+1=1
1+1=2
1+2=3
Divide each number by the previous number.

我们观察到：

芹菜茎有 1+2 条螺线；松果有 2+3、3+5、5+8 条螺线；雏菊有 21+34 条螺线；菠萝有 8+13 条螺线；向日葵有 55+89、89+144 条螺线，还有更多。

这些数的共同点是什么？它们都是斐波那契数列中的数，该数列以 13 世纪的斐波那契为名。这个数列可以无限延伸。

图 1.52　寻找斐波那契数列

许多植物都具有两组螺线——一组顺时针，一组逆时针，只是有时难以察觉。这些螺线数经常是相连的斐波那契数。我们可以轻易地在纸上“印制”一个芹菜茎的横截面。试试看。

① 取一棵新鲜的芹菜。

② 用一把锋利的刀，在芹菜的根部附近横切（小心使用，不要划到手）。

③ 稳稳地握住茎秆，并在其截面上涂上明显的颜料。注意要将涂到茎秆外的多余的颜料擦掉。

④ 在干净的纸上“印制”这个截面，如图 1.53 所示。

图 1.53　芹菜茎的横截面印制图

此处颜色所显示的并非植物的实体，而是它的结构（或形式）。你可以多试几次，寻找它的双螺线。

此外，图 1.54 中的草木刚被火焚烧后的截面（见图 1.55）也显示了交互作用的螺线的清晰图像。

看看学生（及老师）能否找到里面有多少条螺线，并且观察它们旋绕的方式。当然，并不容易做到。

图 1.54　自然中的常见草木

图 1.55　草木被火焚烧后的截面

斐波那契螺线

上述两例只是显示了一种隐藏在大自然中的秩序。为了更好地进行研究，我们可以找出画这种螺线的几何方法。在彼得·史蒂文斯的《大自然中的模式》（*Patterns in Nature*）一书中，作者相当完整地描述了一个非常简要的方法。

练习十四：制作一对斐波那契螺线

如图 1.56 所示，我们打算按顺时针方向画出 5 条螺线（黄色部分），按逆时针方向画出 3 条螺线（红色部分）。

① 在纸张中间画一条水平线。在这条线的中心，轻轻标记一个中点 O。以 O 为中心，画一个半径为 10mm 的圆。

② 绕点 O 画一系列的同心圆。这些绕着点 O 的同心圆的半径由乘数（或公比）决定。"公"是因为它一再地被使用。在本例中，我们以 1.2 为乘数。从半径 10mm 开始来计算下一项，不断地将它乘以 1.2（如第二项为 $10\times1.2=12$）。因此，前几个半径如下（后 7 个数保留到 10 位有效数字）。

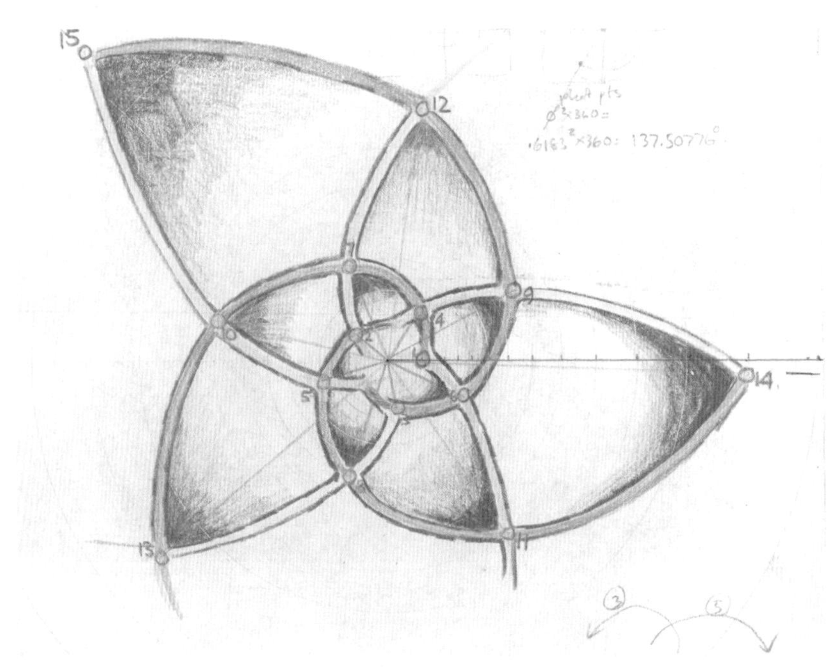

图 1.56　从中心点向外扩展，有 5 条顺时针螺线，3 条逆时针螺线

10

12

14.4

17.28

20.736

24.8832

29.859 84

35.831 808

42.998 169 60

51.597 803 52

61.917 364 22

74.300 837 06

89.161 004 48

106.993 205 4

128.391 846 5

③ 由于很难用铅笔和直尺画出精度超过 0.5 mm 的（比例）图，因此我们可以进行四舍五入。我们需要画到半径约为 100 mm 的圆，圆的半径四舍五入到小数点后一位，如下所示。

10.0

12.0

14.4

17.3

20.7

24.9

29.9

35.8

43.0

51.6

61.9

74.3

89.2

107.0

128.4

④ 以点 O 为圆心，以上述所有数字为半径，在整个页面上画满同心圆，如图 1.57 所示。对这个年龄段的学生而言，这是一次练习圆规准确操作的好机会。

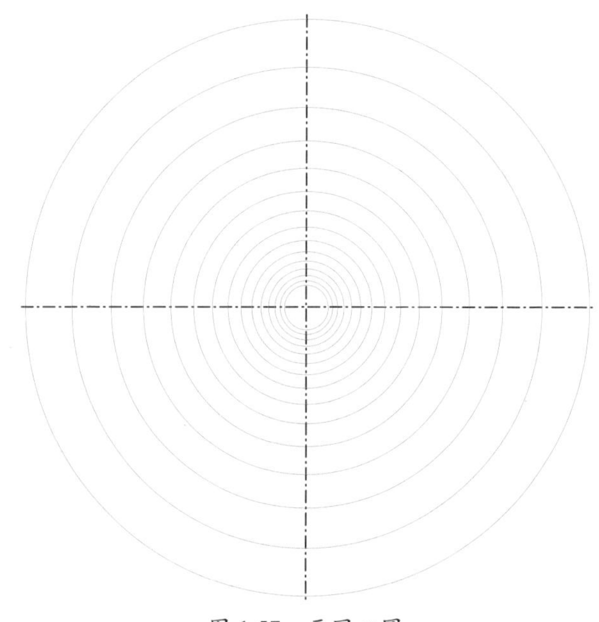

图 1.57　画同心圆

⑤ 这一步骤稍后才会得到验证。目前这么说已经足够：就像我们有黄金分割（或黄金比），因此黄金角也是有可能的。黄金分割的概念将会在稍后加以探索，现在先来研究黄金角本身，这个角非常接近 137.5°（对那些感兴趣的读者来说，精确值可按照如下方格内所示的方法来计算）。

黄金角

就大部分学校用的计算器而言，黄金分割（或黄金比）为

$$(\sqrt{5}+1)/2 = 1.618\ 033\ 989\cdots$$

现在，用 360° 除以这个数，即

$$360°/1.618\ 033\ 989 = 222.492\ 235\ 9°$$

以 360° 减去这个角度，将得到 137.507 764 1°，而这个角度精确到半度，则是 137.5°，这就是我们所求的角，其绕着圆心的角度之比为

$$360° : 222.492\,235\,9° : 137.507\,764\,1°$$
$$1.618\,033\,989 : 1 : 0.618\,033\,989$$
$$(\sqrt{5}+1)/2 : 1 : (\sqrt{5}-1)/2$$

换句话说，全部与较大部分的比值，和较大部分与较小部分的比值相同。

我们现在可以使用正规的量角器，沿着水平线，以这个角依序逆时针方向从圆心标记直线。更容易的做法是造一个单角为 137.5° 的“纸张量角器”（见图 1.58），将这个特殊的量角器绕着圆心逆时针旋转，画出一系列射线。

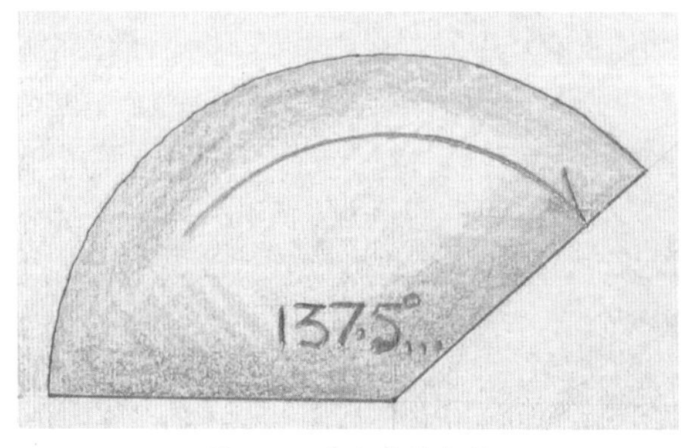

图 1.58　黄金角量角器

⑥ 从最小的圆（半径为 10mm）开始，在圆心右边的水平线上标记出圆与水平线的交点，将这一点标记为点 1。然后，点 2 将是半径 12mm 的圆与过点 O 和点 1 的直线逆时针旋转 137.5° 后的直线的交点，点 3 将是半径 14.4mm 的圆与过点 O 和点 2 的直线逆时针旋转 137.5° 后的直线的交点。依此类推，按逆时针方向标记，直到用完所有的点（共 15 个，如图 1.59 所示），或者已覆满页面！

⑦ 为了得到螺线本身，以平滑的曲线连接一系列标记数字的点。其中 5 个顺时针的螺线可以通过分别连接点（5, 10, 15）、（2, 7,12）、（4, 9, 14）、（1,

6 , 11)、(3, 8, 13) 来实现，这些都是每隔 5 个点的序列。而 3 个逆时针的螺线则是连接每隔 3 个点的 3 个序列（见图 1.60）。轻轻标记这些螺线。

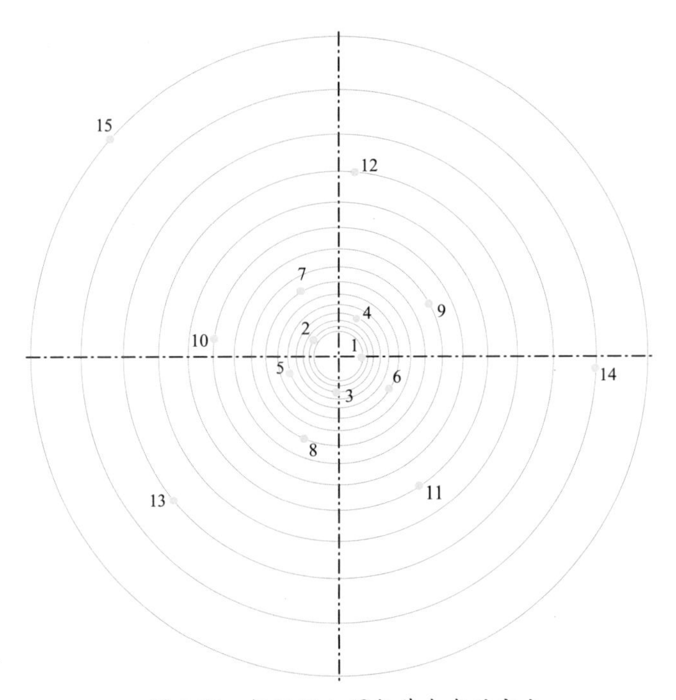

图 1.59　标记同心圆与黄金角的交点

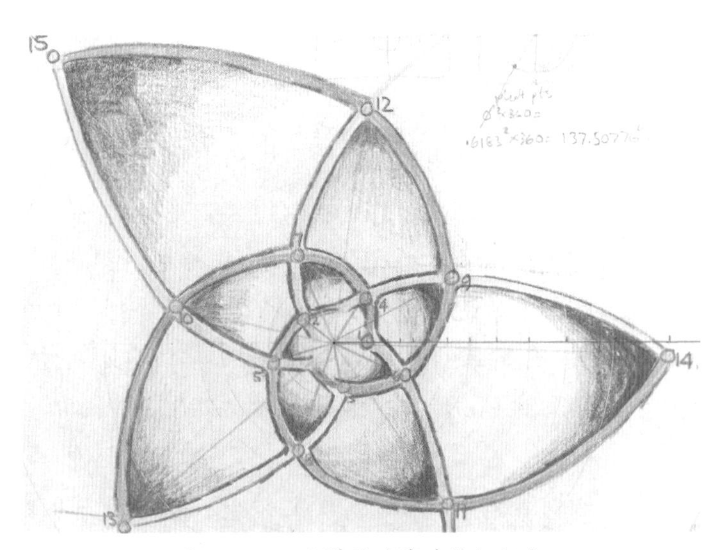

图 1.60　以平滑的曲线连接标记点

⑧ 对做出的螺线进一步优化。在引导学生做此功课之前，你先做一次吧。

注意，如同印制芹菜茎的截面，我们可以在螺线之间上色。有人说，在某些形式中正是因为**填入**了一些东西，我们才能看到实体。然而对我来说，学生能看到且画出这么美的图案，就已经足够了。

我们已经看到斐波那契数列如何以植物形式中的螺线被人们所认识，我们甚至还画出了这样的螺线。另一种形式出现在人体中，其中某些比例逼近与这个特别的序列密切相关的特殊数。

我根据好友麦克休多年前设计的一种特殊两脚规模型，造了一种比例测量仪。他的优雅模型如图 1.61 所示。在后面的练习十五中描述了一个更简单的装置的制作方法。

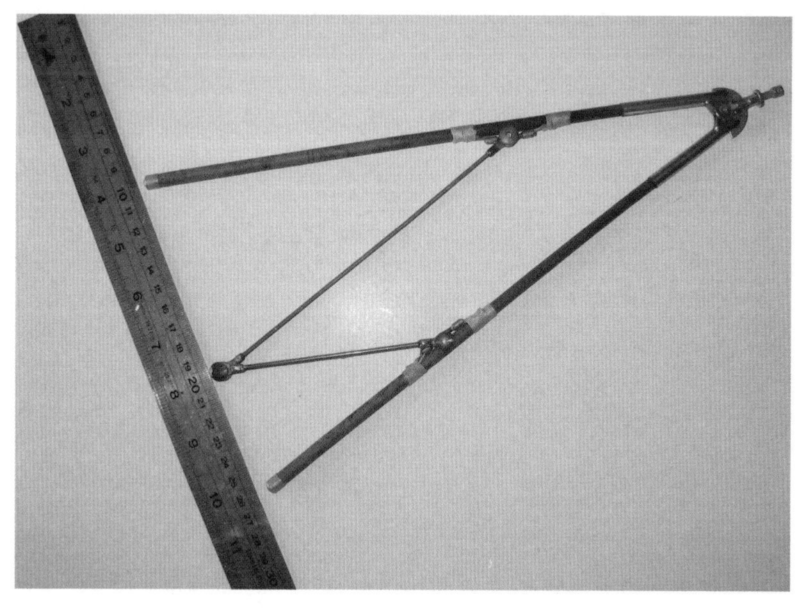

图 1.61　黄金比两脚规（麦克休设计的模型）

有关黄金分割、黄金比例、黄金比或黄金切割的文献，实在数不胜数，甚至在美国还有一本专研此学术的杂志《斐波那契季刊》（*Fibonacci Quarterly*）！学生此刻需要知道的是大自然（包括人体）中这种无所不在的形式。而它究竟是什么呢？它是一个比，一个非常特殊的比。这个特殊的比的值也被称为 φ。

φ 与黄金分割

什么是 φ？这个符号被赋予了一个相当特殊的数。它取 4 位小数的值是 1.6180，算是一个粗略的近似值。它出现在许多地方，比我们可以想到的更多的地方。不过，也有人说，它是不确定的。虽然一组神奇的关系式可以应用到非常多的事物上，但不应假定它可以被应用到所有事物上。

φ 的精确值（按它的定义来计算）

这个数是按下列方式来定义的：当一条线在特别处被分割，而使得：

全部对较大部分之比，与较大部分对较小部分之比相同。

这个定义非常关键。以图示来看，显示如下。

全部

较小部分　较大部分

而这些比的图示，则可以用如下方式表示。

$$\frac{\text{较大部分}}{\text{较小部分}}=\frac{\text{全部}}{\text{较大部分}}$$

从代数操作来看，这些部分的比可以从这个特殊分割中找到。如果我们令较小部分的长是 1 个单位，且较大部分的长为 x 个单位，那么，全部的长将是（$1+x$）个单位。或者，我们可以将此事实表示如下。

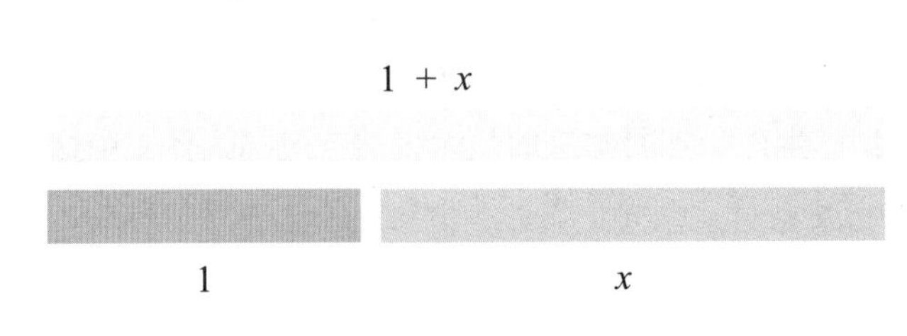

按惯用的数学符号法则，比例式如下，而我们的目的是求解 x。

$$\frac{x}{1}=\frac{1+x}{x}$$

黄金分割

黄金分割（或黄金比）是 $(\sqrt{5}+1)/2=1.618\ 033\ 989\cdots$，这是用普通的计算器所能算出的近似值。为了精确计算，我们将按如下所示进行。给定所要的条件，全部对较大部分的比，与较大部分对较小部分的比相同，如此可以表示成如下的式子：

$$\frac{x}{1}=\frac{1+x}{x}$$

首先，我们交叉相乘，得：

$$x^2=1+x$$

移项到等号左边，得：

$$x^2-x-1=0$$

现在，这是一个一元二次方程式，它可以将 x 视为未知数，运用公式来求解：

$$x=\frac{-b\pm\sqrt{b^2-4ac}}{2a}$$

其中 $ax^2+bx+c=0$。而在本例中，$a=1$，$b=-1$ 且 $c=-1$。因此，代换 a、b 和 c 的值，我们有：

$$x=\frac{-(-1)\pm\sqrt{(-1)^2-4\times1\times(-1)}}{2\times1}$$

化简，可得 $x=\frac{1\pm\sqrt{1+4}}{2}$，即 $x=\frac{1\pm\sqrt{5}}{2}$

所以，x 的正确解为 $x=\frac{1+\sqrt{5}}{2}$ 或 $x=\frac{1-\sqrt{5}}{2}$

是的，有两个解。但我们只取正值，将它改写成：

$$x=\frac{\sqrt{5}+1}{2}$$

根据上述说明得出 φ 的正确值，可以写成下列形式：

$$\varphi=\frac{\sqrt{5}+1}{2}$$

如果表示成一个无限不循环的十进制小数，则为：

$$\varphi=1.618\ 033\ 988\ 749\ 894\ 848\ 204\ 586\ 834\ 365\ 64\cdots$$

通常被记成：

$$\varphi=1.618$$

另一个负值 $(1-\sqrt{5})/2$ 给出了 φ 的倒数的负值 –0.618。由于这个数表示一个比例关系，因此，正或负其实都无关紧要。

1.618 或 0.618？

这个数常被记为 φ 或 phi。有时候，它的倒数也被称为 phi。这多少有点令人困惑。但大部分的作者似乎都使用 1.618 而非 0.618，请参考书末的文献。

练习十五：打造一组黄金分割两脚规

这样的两脚规可以使用卡片和别针来制作，其基本结构很清楚，适当的模型尺寸如图 1.62 所示。

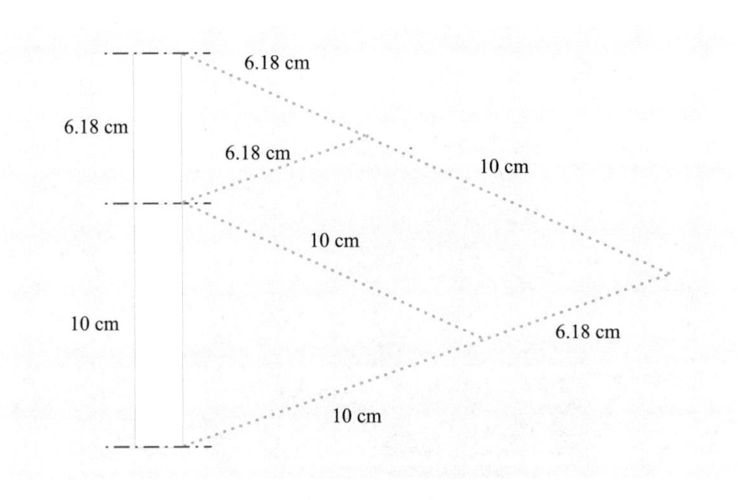

图 1.62　一组黄金分割两脚规的标准尺寸

① 画出如图 1.63 所示的 4 张卡片的轮廓（或者自行设计，也可以让学生来设计）。

② 沿着红色虚线剪开。

③ 在标记的点上穿洞。

④ 沿着粗黑实线将 4 个轮廓裁剪下来。

⑤ 以张开的别针为支点，将两脚规组合起来。

⑥ 用直尺测量你的两脚规有多精确。（两脚规比较宽的那一段距离为 10cm，比较窄的那一段距离为 6.18cm。）

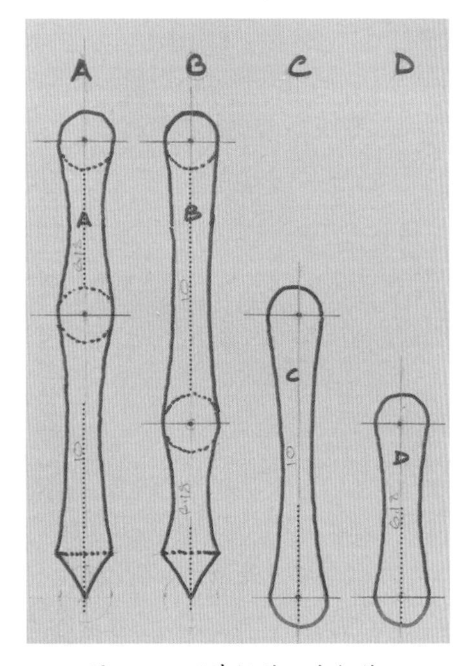

图 1.63　两脚规的 4 个组件

例如，我们可以检测我们手指节的比例（见图 1.64），看看这些比例有多接近黄金分割。如果我们可以看到真正的骨节，结果或许将更加精确吧。

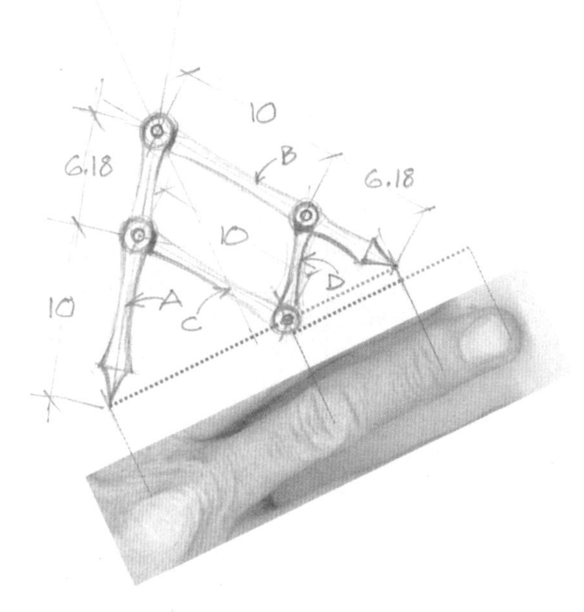

图 1.64　使用中的两脚规

在人体中哪里存在这样的比例呢？“人”是万物的度量？或者这单纯地只是一种巧合？但我并不这么认为。

练习十六：人体中的黄金分割

让学生测量自己身体的 A 值和 B 值（见图 1.65），看看这两部分的比值是否接近黄金分割。

中学生这个年龄段的人由于尚未完全成熟，比例多少会有些不一样。看看在这个群体中是否能找出比 φ 更大或更小的比值，想一想原因何在。

① 测量整个身高，令其为 A。

② 测量由地面到肚脐的距离，令其为 B。

③ 用 A 除以 B。

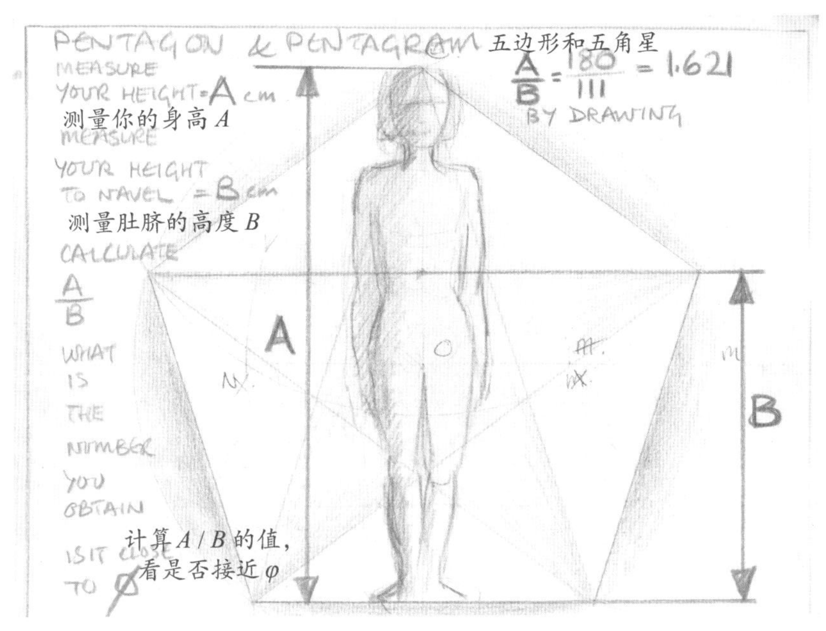

图 1.65　人体比例

④ 将这些值制成一张表，如表 1.1 所示。

表 1.1　人体比例测量值

A	B	A/B

⑤ 计算这些比值的平均值，看看它接近什么数。

法国建筑师勒·柯比意设计了一种以黄金比为基础，被称为“模数”的尺度，作为建筑设计的辅助，如图 1.66 所示。

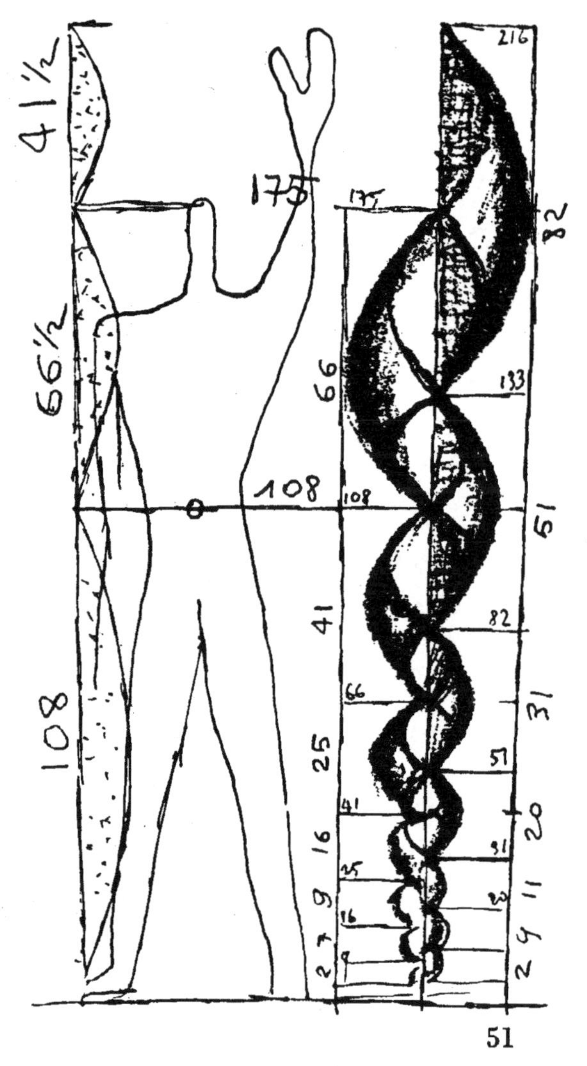

图 1.66 模数，一种黄金分割尺度

在这个图示中，主要的尺寸是 108 和 66.5。如果将其相加，然后除以 108，我们会得到 1.616——一个接近 φ 的数。

练习十七：植物中的斐波那契数列

某些植物在分叉时会显现出斐波那契数列的规律。根据杭特立的观察，当珠蓍往花部延伸时，展现了这种数列（见图 1.67）。

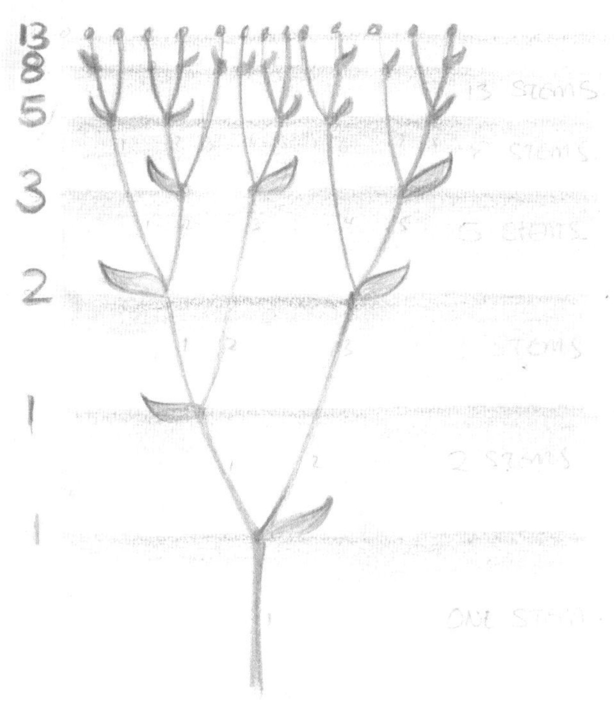

图 1.67　珠蓍的节点

注意观察，在这张素描中，叶子的节点看起来排成一条线。茴香也有类似的情况吗？你必须自己观察！把它当作一个练习。

练习十八：phi——黄金分割

如前所述，如果我们细心观察，这个特殊数（φ）会被下面所描述的（新）数列趋近：这个（新）数列由斐波那契数列的相邻两项的后项与前项之比所构成，例如 5/3=1.666…，8/5=1.6，以及 13/8=1.625 等。

前述这些比值都不尽相同，但比值会缓慢地趋近 φ（见图 1.68）。

练习十九：自然形式的拼贴簿

让学生制作一个展示这些简单形式的拼贴簿，也许是总结这个主题的一个好方法。将图形、照片或工艺品等收集在一起，无论是银河系、鳃盖、

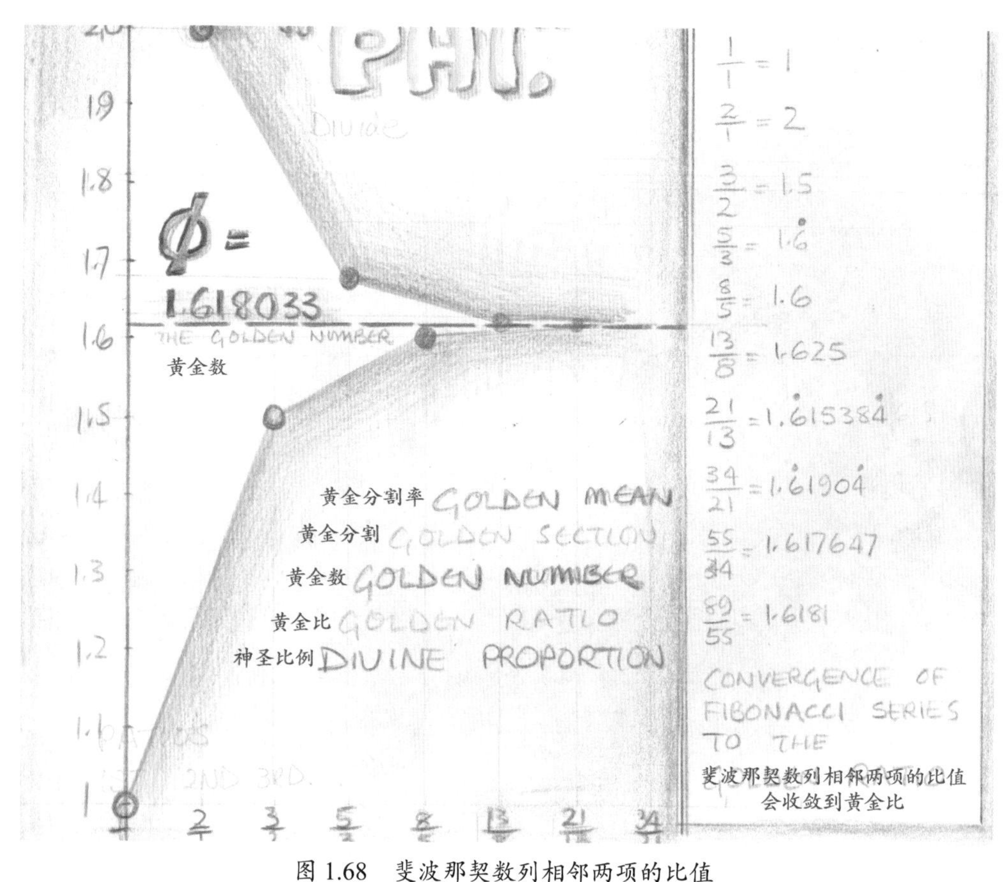

图 1.68 斐波那契数列相邻两项的比值

菠萝、鸡蛋、龙卷风、贝壳、花芽等实物的素描图，还是他们自行发现的众多其他形式。在图 1.69 和图 1.70 中有一些提示。

我希望学生（以及大人）能慢慢开始欣赏存在于大自然中的某些规律。只要有规律存在，就会有数学特别是几何存在。我们可以在年轻的时候，更多地发现生活中的美。

▲图 1.69　银河系、人的耳蜗等螺线图形

▼图 1.70　鸡蛋、瓮、花芽以及树的形式

第 2 章　毕达哥拉斯与数字

本章内容是我们经常与七年级学生（12~13 岁）一起做的功课，它引入了性质、种类以及（尤其是）**数字**的概念。数字与几何之间永远关系密切。在第 1 章中，我们强调几何，而本章的主题是数字，如图 2.1 所示。

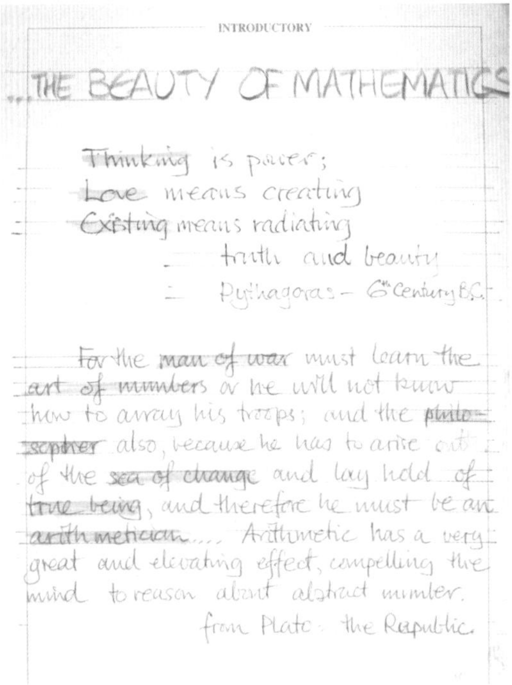

INTRODUCTORY

THE BEAUTY OF MATHEMATICS

Thinking is power;
Love means creating
Existing means radiating
truth and beauty
Pythagoras – 6th Century B.C.

For the man of war must learn the art of numbers or he will not know how to array his troops; and the philosopher also, because he has to arise out of the sea of change and lay hold of true being, and therefore he must be an arithmetician.... Arithmetic has a very great and elevating effect, compelling the mind to reason about abstract number.
from Plato: the Republic.

数字之美

思考即力量

热爱意味着创造

存在意味着真理和美的表达

——毕达哥拉斯

将军必须学习数字的艺术，否则便不知道如何部署军队；哲学家也必须学习它，因为他们要超越变化的表象，攫住事物的本质，所以非算术家不可。算术具有强大的效果，可以迫使大脑就抽象的数字进行思考。

——柏拉图，《理想国》

图 2.1　本章的主题

为何是毕达哥拉斯?

在此，我们要感谢古希腊，毕达哥拉斯是当时众多持有探索知识的态度的古希腊学者之一，而我们大部分人直到现在仍然不具备这种探索精神。

这些伟大的学者看到了全局，也看到了某些构成全局的部分。泰勒斯（约前 624—前 547）、欧几里得（约前 330—前 275）、阿基米德（前 287—前 212）及柏拉图（约前 427—前 347）是其中几位。他们的作品在欧洲文艺复兴之前就已经存在了大约 2000 年之久，这当然也受惠于更早的阿拉伯学者。我们必须感谢这些阿拉伯学者，他们对早期作品的翻译与推广为文艺复兴时期的思想家提供了辩论的基础材料。

七年级学生正处在探寻之路上，他们似乎在不断追寻，想要在“脑中所想”与“外在何物”之间找到一种对应。这是我们所有人都需要的探索精神。这种内在思考与外在表现的不一致经常在我们的提问中涌现。如果内在与外在的对应是显然的，那么我们将无须提问。但事实上我们心中确实有很多问题，因此它们的对应并不明显。

数字

在七年级的主要课程中，所关注的两个方向分别是数字和几何。几何的内容已经涵盖在前面的章节中，而数字的内容则大约要花 3 个星期的时间来学习。虽然这两个方向有重叠，但本章将着重介绍各种数字间的关系，尤其是数字及数字系统的历史。为何是数字？因为它是我们在这个世界中从一出生就接触到的东西。

并非所有的文化都着迷于我们今天普遍使用的十进制。我们当然可以解释说，采用十进制是人类有 10 根手指的缘故（见图 2.2，一只手有 5 根手指），不过古代的迦勒底人采用的是六十进制。你必然好奇为何如此。

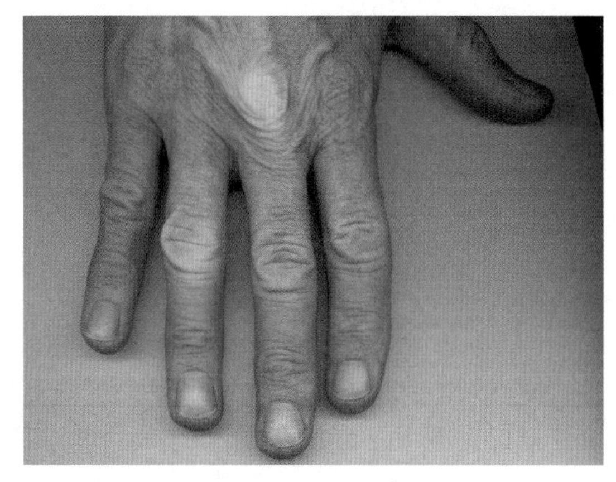

图 2.2　计数的简单开端

此外，还有**一进制**、**二进制**及**许多其他进制**，我们可以说那是所谓的原始部落的作为。曾有一个原住民部落采用三进制（见图 2.3），经过 3 个步骤就进位了，而不是数到 10。

然而，数字有其神秘性，它们不仅用于计算金钱、人数和数字谜题，还包括数独游戏，又或者测量高楼大厦的高度。音乐亦在其中，就如同计算和测量。

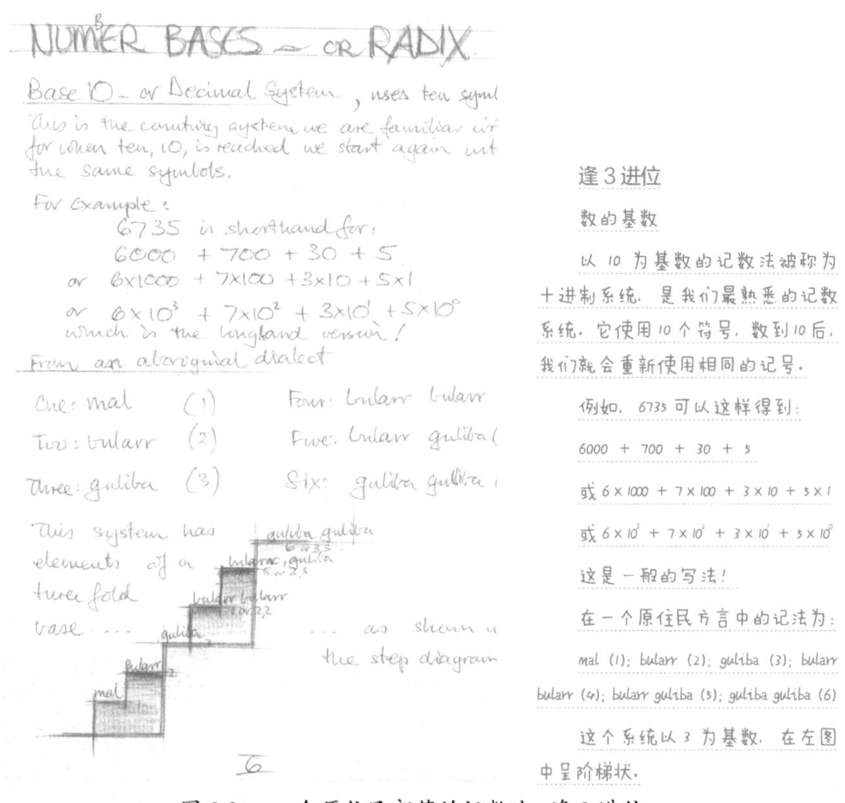

图 2.3　一个原住民部落的记数法：逢 3 进位

数字的意义

抽象数字的意义是我们最常用的方法。它可以简化为纯粹的**计算**。比如，最近我与一位女士在谈到数学时，她对我说数字就是银行里存了多少钱。不过，数字还可以从不同的角度来看待，如图 2.4 和图 2.5 所示。

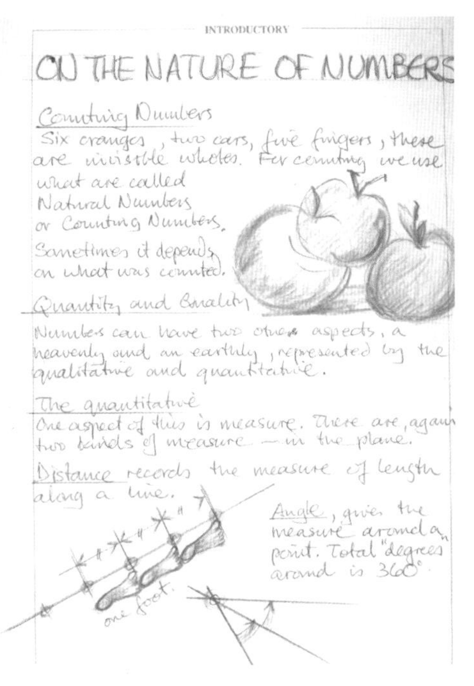

量的层面

6 个橘子，两辆汽车，5 根手指，这些都是无形的整体。在计数时，我们会用到自然数，这取决于计数的对象。

质的层面

这个层面主要用于度量。在平面上，它有以下两种表示。

距离：记录一条线的长度。

角：记录绕着一个点的度量。一圈是 360°。

图 2.4　定性与定量

INTRODUCTORY

There are many units of measure, of distance foot, inch, cubit, metre, kilometre etc. For angle we have degrees and radians. This is the amount a radius can be wrapped around its own circle. There are approximately SIX radians around a point.

one radian

The Qualitative

The heavenly aspect reveals itself in relationships and a qualitative approach to number

Oneness: ... is a whole, a unity, complete in itself. The Greeks did not see it as a number but the MONAD from which all arose.

Twoness, suggests duality oppositeness, two sides. Examples abound: Hot & Cold, High and Low, Love and Hate. The colours arrange themselves as pairs Red & Green, Orange and Blue etc.

Threeness

This is the first number of the Pythagoreans, for it has a beginning, a middle and an end. In Greek mythology, there were 3 Fates, 3 Furies, 3 Graces 3 muses, ~ Oaths were said three times, a triangle has three sides ....

度量单位有很多：度量距离的有尺、寸、肘、米、千米等，度量角的则有度数和弧度。1 弧度是弧长等于半径的弧所对应的圆心角的大小，绕着一个点旋转一圈所形成的圆周约为 6 弧度。

图 2.5　度量单位

相较于二重性（或对偶性）和三重性，单一性是否有一些本质的区别呢？比较“一”与“多”，它们的区别非常大！

练习二十：思考单一性和多重性

尝试探索数字的特征至少到数字 12。例如，什么是单一性？它是指全部吗？如何进位？……有太多问题可以讨论。

① 思考什么是单一性。

② 思考什么是二重性（或对偶性），寻找具有二重性的东西的对立面。例如，热和冷，上和下，平面和点。这是指一件事与另一件事有本质上的不同。请至少列出 3 组具有二重性的词。

③ 思考什么是三重性，我们可以找到任何具有三重性的东西吗？一个基本的三重性特征可以在几何学中发现，它们是几何元素中的**点**、**线**和**面**。但我不认为这就足够说明基思·克里奇洛的看法，即一个对象是由其他对象所构成的，它们**相互依赖**，如图 2.6 所示。红色、蓝色和黄色可以被认为是三重性特征吗？大多数人将它们视作三原色。试着寻找更多的三重性，例如空间的维度。

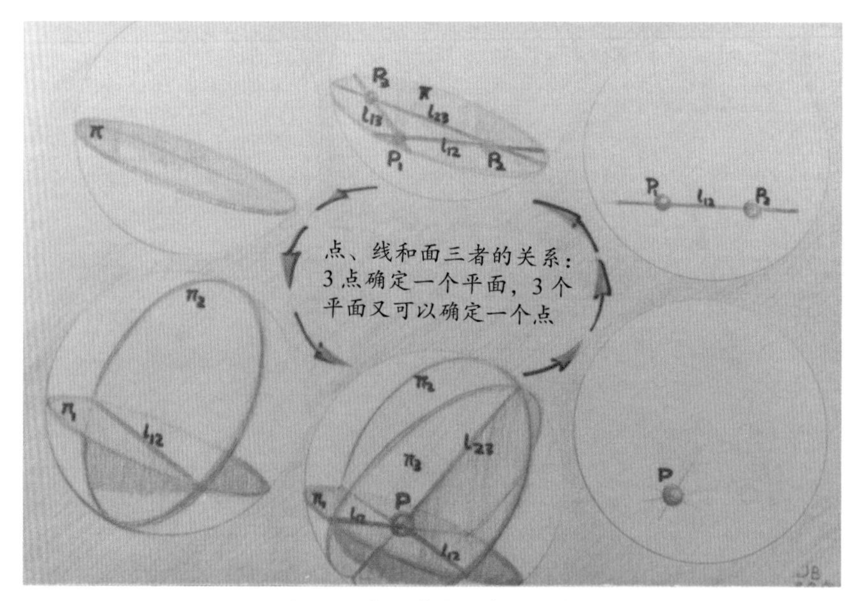

图 2.6　点、线和面相互依赖

④ 我们在哪里可以看到四重性？每次呼吸时心脏跳动的次数？可以找到更多吗？需要注意这与生物学中的四界是不同的，它们存在本质上的差异，尽管生物学中我们也只说“四个”。

⑤ 在哪里可以看到五重性？查查蔷薇科的有关资料。

⑥ 在哪里可以看到六重性？查查百合科的有关资料。我们不禁要问为什么昆虫有那么多只脚？它们是二重性的 3 倍？

⑦ 在哪里可以看到七重性？

⑧ 在生物界有跟“八”相关的事物吗？蜘蛛。

⑨ 九呢？在细胞中存在由 9 束三体微管围绕中心轴所组成的中心粒。

⑩ 现在，我们觉得紧张了。

⑪ 这有点难了……

⑫ 一打？

⑬ 挑战：寻找十三重性。

⑭ 有什么是跟“一百”有关的？

⑮ 还有哪些具有特殊意义的数字吗？

各种数字系统

世界各地的数字系统已经建立，从一个到一对（两个一组），再到如上所述的 3 个一组，还有 6 个一捆；从十进制、十二进制到二十进制，甚至六十进制。世界上存在许多不同的记数方式。

罗马的记数方式不同于阿拉伯或印度的方式。针对不同的数字已有许多种表示方法。古埃及人以十为基数，图 2.7 展示了这些符号。

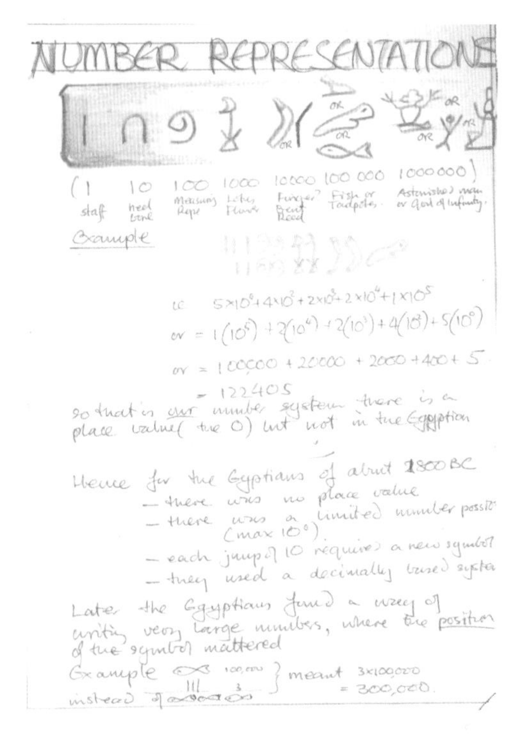

古埃及的数字符号

令牌(1);脚踝骨(10);圆圈(100);睡莲(1000);手指或弯曲的芦苇(10 000);鱼或蝌蚪(100 000);惊讶的人或顶天的神(1 000 000)。

左图表示的数为:

$5\times10^0 + 4\times10^2 + 2\times10^3 + 2\times10^4 + 1\times10^5$

$=1\times(10^5) + 2\times(10^4) + 2\times(10^3) + 4\times(10^2) + 5\times(10^0)$

$=100\,000 + 20\,000 + 2000 + 400 + 5$

$=122\,405$

我们的数字系统里有位值(0),但是古埃及人的没有,因此对公元前1800年的古埃及人而言:

——没有位值;

——数字有上限(最大为10^6);

——每次进位都要用新的记号。

后来,古埃及人发明了一个表示极大数的方法,如左图所示。

图 2.7 用古埃及符号表示数字 122 405

十进制数、指数写法（长式）和我们常用的简写形式

大家都十分熟悉十进制系统，这源于它有位值的概念与包含**无**（什么都没有或零）的优点。

如果我写下 1，并把 0 放在 1 的右边，那么这个数就会变得比 1 大很多。事实是，把 0 放到 1 的右边表示有 10 个 1。因此，数字的意义取决于它被放置的**位置**。更好玩的是，1 这个数也有不同的**符号**表达方式。

我们今天使用的一系列符号大都源自古印度天才和阿拉伯学者。这些符号可能是任何形状。

符号	符号的意义
0	没有
1	1
2	1 + 1
3	1 + 1 + 1
4	1 + 1 + 1 + 1
5	1 + 1 + 1 + 1 + 1
6	1 + 1 + 1 + 1 + 1 + 1
7	1 + 1 + 1 + 1 + 1 + 1 + 1
8	1 + 1 + 1 + 1 + 1 + 1 + 1 + 1
9	1 + 1 + 1 + 1 + 1 + 1 + 1 + 1 + 1

毋庸置疑，和 1 + 1 + 1 + 1 + 1 + 1 + 1 + 1 + 1 相比，9 在书写时所花的时间大大地减少了，且占用的空间也大大地变小了。不仅如此，如果我们在书写数字时妥善地使用位值，还将产生经济效益，表现出简化性和便利性。将 1 + 1 +1 + 1 + 1 + 1 + 1 +1 + 1 简化成 9（甚至还没达到 10）的表达形式后，大数字的书写形式得到了进一步的简化。这不仅是符号本身的意义，还是数学领域的一大壮举。

重述所有这些位值：

1 + 1 + 1 + 1 + 1 + 1 + 1 + 1 + 1 + 1 + 1 + 1+ 1 + 1 + 1 + 1 + 1 + 1 + 1 + 1 +
1 + 1 + 1 + 1 + 1 + 1 + 1 + 1 + 1 + 1 + 1 + 1 + 1 + 1 + 1 + 1 + 1 + 1 + 1 + 1 +
1 + 1 + 1 + 1 + 1 + 1 + 1 + 1 + 1 + 1 + 1 + 1 + 1 + 1 + 1 + 1 + 1 + 1 + 1 + 1 +
1 + 1 + 1 + 1 + 1 + 1 + 1 + 1 + 1 + 1 + 1 + 1 + 1 + 1 + 1 + 1 + 1 + 1 + 1 + 1 +
1 + 1 + 1 + 1 + 1 + 1 + 1 + 1 + 1 + 1 + 1 + 1 + 1 + 1 + 1 + 1 + 1 + 1 + 1 + 1

以 10 个 1 为一组，重新表示这些数字：

= 10 + 10 + 10 + 10 + 10 + 10 + 10 + 10 + 10 + 10

将组数乘以每组的数值：

$$= 10\times10$$

$$= 100$$

如果将组数表示为幂的形式（在这里指数为 2），我们可以将上面的数写成 10^2。如此，我们就可以大大简化大数字的书写形式了。

$$100 = 10\times10 = 10^2$$

$$1000 = 10\times10\times10 = 10^3$$

$$10\ 000 = 10\times10\times10\times10 = 10^4$$

$$100\ 000 = 10\times10\times10\times10\times10 = 10^5$$

更大的数字也可以依此类推，用简洁的形式表示。会有人喜欢将 10 000 000 000 000 000 000 000 000 写出来？不会！我们只需写下 10^{25} 便可以表示这个超级大的数，多么简单的形式呀！

长式写法和简式写法

下面这种方法甚至能够将指数的书写变得非常简单。例如，我们写下 76 540 这个数，它真正的意思如下。

该数可表示为：

$$70\ 000 + 6000 + 500 + 40$$

或表示成十倍数的总和：

$$7 \times 10\ 000 + 6 \times 1000 + 5 \times 100 + 4 \times 10$$

写成指数形式为：

$$7 \times 10^4 + 6 \times 10^3 + 5 \times 10^2 + 4 \times 10^1$$

所以，上面式子的简式写法为 76 540，长式写法为 $7 \times 10^4 + 6 \times 10^3 + 5 \times 10^2 + 4 \times 10^1$。

练习二十一：十进制的长式写法和简式写法

① 写出 360 的长式写法。

$3 \times 10^2 + 6 \times 10^1$

② 将 $5\times10^4+9\times10^3+1\times10^2+2\times10^1$ 表示成简式写法。

59 120

③ 365 的长式写法是什么？

$3\times10^2+6\times10^1+5\times10^0$

④ $5\times10^4+3\times10^3+2\times10^2+9\times10^1+7\times10^0$ 的简式写法是什么？

53 297

我们在上面的题目中用到了 $10^0=1$ 这个知识点，要证明这个，七年级学生是难以理解的。但如果他们已经知道了一些指数或幂的运算技巧，就可以通过以下的推导过程加以理解。

$$1=\frac{5}{5}=\frac{5^1}{5^1}=5^{1-1}=5^0$$

这表示如果上述这个等式成立，则 $5^0=1$。而且我们可以选择任意数。不只是 5。因此，我们可以说 $x^0=1$，其中 x 是（非 0 的）任意数。如果 $x=10$，则 $10^0=1$。换句话说，任何数（非 0）的零次幂都是 1。这也就是说，$2^0=1$ 成立。我们将利用此知识点继续处理二进制数。

二进制数

我们发现计算器和计算机里的现代数字系统是**基底为 2** 的系统。二进制常被解释为开或关，或任何电路系统的两个关键条件——**启动**或**关闭**，常以符号 1（启动）和 0（关闭）来表示。

通常 1 表示**开**，而 0 表示**关**，一般电器开关的控制按钮就是这样设计的，如图 2.8 和图 2.9 所示。

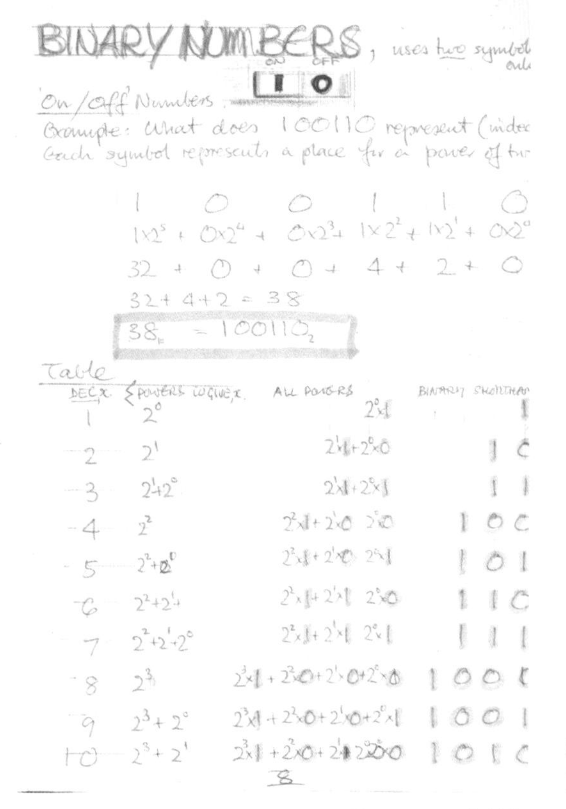

图 2.9 二进制数

图 2.8 电器的开/关按钮

它使用两个记号1、0表示开和关，例如100110（其中每个记号都代表一个2的次幂）。

有时候，我们会看到写成 101011_2 形式的数字。这是什么意思呢？这个数是多少呢？

如果这些 1 和 0 代表 2 的指数，并且位值也是如此重要，那么我们要如何解释这些数？正如上面十进制的表示方法，我们也可以用同样的方式理解二进制（见图 2.9）。

$2^0 = 1$	1
$2^1 = 2$	2
$2^2 = 2 \times 2$	4
$2^3 = 2 \times 2 \times 2$	8
$2^4 = 2 \times 2 \times 2 \times 2$	16

$2^5 = 2 \times 2 \times 2 \times 2 \times 2$　　32

$2^6 = 2 \times 2 \times 2 \times 2 \times 2 \times 2$　　64

$2^7 = 2 \times 2 \times 2 \times 2 \times 2 \times 2 \times 2$　　128

$2^8 = 2 \times 2 \times 2 \times 2 \times 2 \times 2 \times 2 \times 2$　　256

$2^9 = 2 \times 2 \times 2 \times 2 \times 2 \times 2 \times 2 \times 2 \times 2$　　512

练习二十二：将二进制数转换成十进制数

① 二进制数　1　1　1　的十进制表示是多少？

$= 1 \times 2^2 + 1 \times 2^1 + 1 \times 2^0$

$= 1 \times 4 + 1 \times 2 + 1 \times 1$

$= 4 + 2 + 1$

$= 7$

也就是 $111_2 = 7_{10}$。

②二进制数　1　0　1　0　的十进制表示是多少？

$= 1 \times 2^3 + 0 \times 2^2 + 1 \times 2^1 + 0 \times 2^0$

$= 1 \times 8 + 0 \times 4 + 1 \times 2 + 0 \times 1$

$= 8 + 0 + 2 + 0$

$= 10$

也就是 $1010_2 = 10_{10}$。

③ 将二进制数 1000 转换成十进制数。

$1000_2=8_{10}$

④ 将二进制数 101011 转换成十进制数。

$101011_2 = 32+0+8+0+2+1 = 43_{10}$

⑤ 如何将十进制数 145 转换成二进制数呢？

首先将 145 减去一个小于它且是 2 的最高整数幂的数，也就是：

$145 - 128 = 17$

再将 17 减去一个小于 17 且是 2 的最高整数幂的数，也就是：

$17-16=1$

如此可得：

$145=128+16+1$

放入系数为 0 的幂可得：

$145=1\times128+0\times64+0\times32+1\times16+0\times8+0\times4+0\times2+1\times1$

也就是 $145_{10}=10010001_2$

⑥ 将十进制数 999 转换成二进制数是多少？

$999_{10}=512+256+128+64+32+0+0+4+2+1=1111100111_2$

⑦ 请证明十进制数 38 转换成二进制数为 100110。

$38_{10}=32+0+0+4+2+0=100110_2$

度量

数字系统是一回事，但它还有别于计数本身，测量就是一个例子！如果我们希望**度量**什么物体，除了求助于数之外，还需要其他东西的协助。例如，在测量距离时，我们必须借助一些工具。有非常多不同的度量标准。或者曾经如此。今天，许多国家都使用国际单位制，还有的国家则使用英制单位。在此之前，世界上还有许多其他标准。在广泛讨论这个话题之前，我们要先认识平面上两种不同的度量方法。

距离与角度

在我们的日常生活中，常见的有**距离**和**角度**这两种不同的度量方法，即线延伸的距离和围绕线（或点）的角度。想象一下它们有多么不同。

在某种情况下，我们可以用一固定长度的物体作为度量工具。比如，以我们迈出的步子的长度来测量距离，或是短一点，用我们脚的长度。脚的确是一个好的度量工具，而且至今许多地方还在使用。

早期的一些文明将腕尺当作度量单位，如图 2.10 所示。但前臂有多长呢？这条前臂是法老（或国王）的吗？如果是这样，这个长度就不可避免地会随时改变（见图 2.11）。

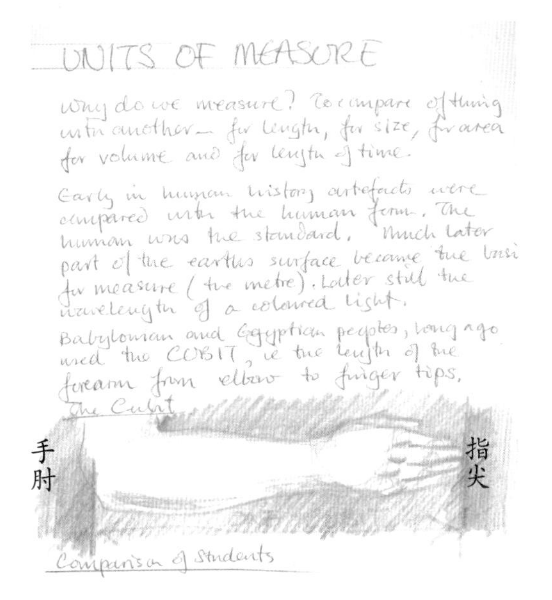

度量的单位

我们为什么要进行测量？是为了比较事物的长度、面积和体积等。

在早期人类历史中，人造品都是模拟人的形式，人是度量标准。后来地球表面才成为度量的标准（米）。更后来才是可见光的波长。古巴比伦人和古埃及人在很久以前用到了“腕尺”这一单位，也就是从指尖到手肘的长度。

关于历史上1腕尺的长度，古埃及是 52.3 cm，古巴比伦是 49.61 cm，亚述是 55.37 cm，小亚细亚是 51.74 cm。

图 2.10　一种度量单位：腕尺

对不同的民族而言，同一个单位表示的长度亦不相同。对于古埃及人和古巴比伦人，腕尺大约是 51cm（《牛津初级百科全书》，1951），其他来源也会出现不同的数值（见图 2.10）。

度量的历史进程似乎是从人体本身（例如国王前臂的长度）开始的，再到大自然（地球周长的一部分），现在是光波长的某些倍数。

将北极到赤道的长度除以 10 000 000 之后的距离定义为米，这大约是在 1791 年由法兰西科学院所制定的。在梅辛和达伦伯史诗般的努力下，他们得到 1m 等于 100cm 的结果。米（metre）源自希腊文的**度量**（metron）一词。今天我们利用反向思维，定义 1m 为光在真空中 1/299 792 458s 的时间内所行走的距离！这是国际单位制中关于“米”的定义。如果要度量一栋房屋的大概长度，大多数人都乐于用步伐去测量。但是基于某些原因，有时需要比较高的精度，特别是当你是购房者时！

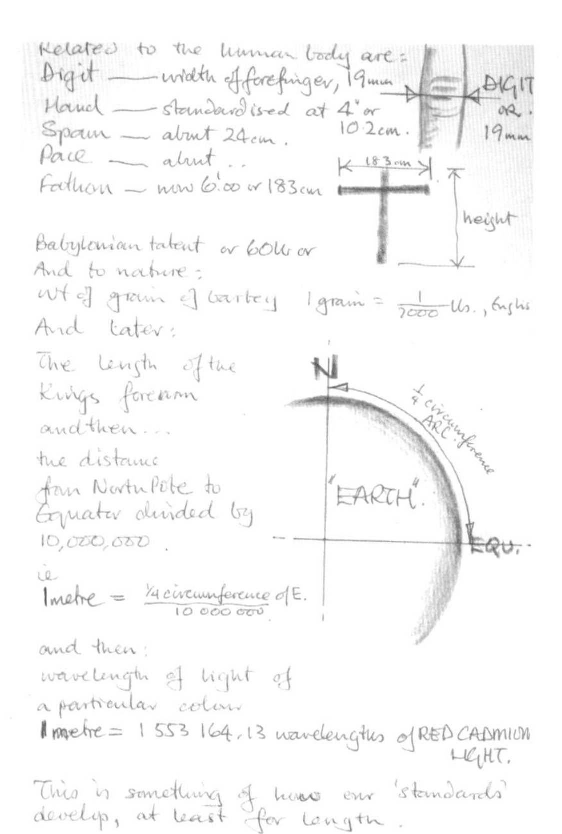

和人类身体有关的长度：

指宽：食指的宽度，约为 19 mm

手：标准宽度约为 10.2cm

跨距：大约是 24 cm

步幅：大约……

1 米：从北极到赤道的距离除以 10 000 000，也就是 1 米 = 1/4 地球周长 ÷ 10 000 000

后来是可见光的波长：

1 米 = 1 553 164.13 × 镉红光的波长

此即度量标准的演化过程，至少就长度而言是这样。

图 2.11　度量标准的演化过程

练习二十三：距离的度量

① 度量一些距离，并在一个表格中分别用英寸和厘米注明其估计的长度。

② 1in 是多少毫米呢？　25.4mm

③ 计算图 2.10 中 1 腕尺的平均长度。

（52.3cm+49.61cm+55.37cm+51.74cm）÷4=52.255cm

④ 为什么法国对于“米”的最初定义是有问题的呢？

它假定地球是一个精确的球体，然而事实并非如此。就地球表面来看，它一直都呈梨形。

⑤“英寸”是如何制定的？

1284 年，爱德华二世在所颁布的法令中写道：“3 粒干燥的麦粒首尾相接排成一行的长度就是 1in，12in 就是 1ft，3ft 就是 1yd（见编者说明）。”

角的度量

这是一片不同的天地。比起过去，现在只剩下少数还在使用的角度单位。我知道 3 种，它们分别是角度、弧度和百分度，每一种都与圆有关。角度是目前最常用的，弧度多用在数学上，而百分度我也是刚知道。

角度　　一圈为 360°

（1°=60'，1'=60"）

弧度　　一圈大约为 6.28rad

（1rad ≈ 57°）

百分度　　一圈为 400^g

欧洲国家的一些测绘人员经常使用百分度，它是十进制的角度单位，100^g 即为 90°。如果我们检查一个普通的计算器，就可以发现**角度**、**弧度**和**百分度**的计算功能。看看你自己的计算器吧。

练习二十四：角度的测量

① 圆周角的 1/4 是多少度？　360° /4=90°

② 绕中心旋转 100 圈是多少度？　360° × 100 = 36 000°

③ 绕中心旋转 8.345 圈是多少百分度？　$8.345 \times 400^g = 3338^g$

④ 如果 π = 3.141 592 653 589 793 rad，那么一个完整的圆周是多少弧度？

3.141 592 653 589 793rad × 2 = 6.283 185 307 179 586rad

⑤ 这 3 种角度单位如何换算？

1^g = 90° /100 = 0.9 °　1rad = 360° /(2π)= 57.2957°

常用的度量工具

距离可以用直尺来度量，这个工具的刻度常以厘米表示（某些国家则以英寸表示），长度通常为 20cm 或 30cm。

角可以用量角器来度量，这个工具通常以 10° 为一个区间，再将这个区间以 1° 间隔进行十等分，并做成半圆形的样子（整个圆的量角器不太常见）。

这两个工具（见图 2.12）代表两个完全不同的世界：直线及曲线。两者之间的区别很明显，其中一个的度量与另一个是**不可公度量**的，即这两个度量结果没有大于 1 的公约数。我们以直径为 2 个单位的圆为例，其周长为：

$$2\times\pi=2\times3.141\,592\,653\,589\,793\cdots$$
$$=6.283\,185\,307\,179\,586\cdots$$

这与古代三大作图难题之一的“化圆为方”有关：已知圆之半径，请用圆规与直尺画出一个正方形，使其面积与此圆相等。

它需要的长度$\sqrt{\pi}$在过去是不可能画出的，传统的尺规作图法只能产生代数数，而 π 是超越数，不单单是无理数。

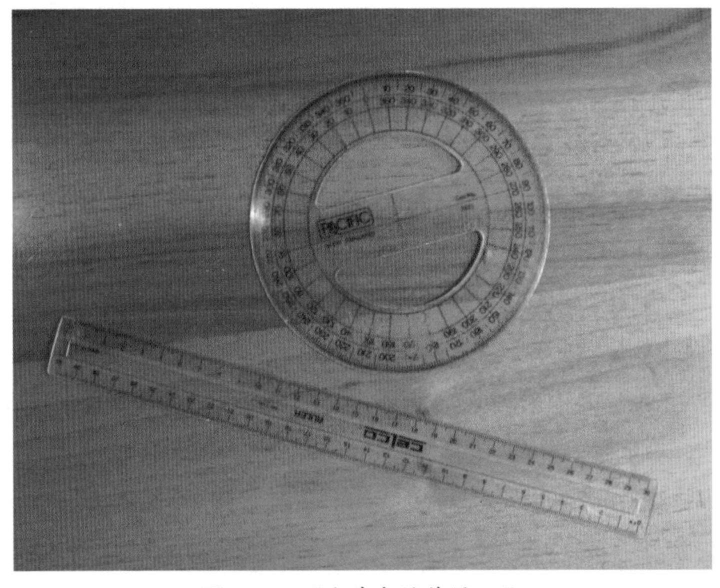

图 2.12　两个基本的作图工具

数的种类

各种数（仅就实数而言）的分类如图 2.13 所示。

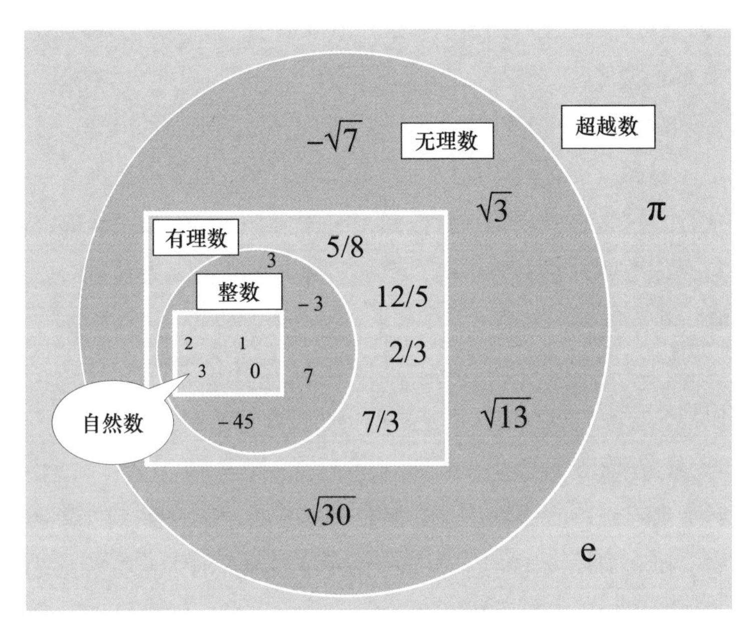

图 2.13　从自然数到超越数的集合

质数和埃拉托色尼筛选法

有一个领域里全都是迷人的数，它们比 1 大，而且我们找不到任何数（除了 1 与该数本身）可以整除它们，这些数被称为质数。如果 1 不被视为质数，则第一个质数就是 2，接下来是 3，但 4 不是质数，因为它可以被 2 整除。

质数是神秘的，因为没有人能给出有关它们的预测方法，一个数只能被验证是不是一个质数。

这是怎么做到的？只要检查它是否有除 1 以外的其他因数即可。什么是因数？斐波那契称质数为非合数，因为如果它们是合数，则它们还有除 1 和该数本身以外的其他因数。如果一个整数将某整数（不为 0）整除得到商且没有余数，就说它是某数的因数。例如，99 不是质数，它可以被 9 整除得商 11 且没有余数。

97 是一个质数，它不能被 2 和 3 整除，也不能被 4 到 96 间的任意整数整除。检验看看，这样的测试很冗长。有一些简单的方法可以用来协助判断。987 654 322 是质数吗？不是，因为任何个位数字是偶数的数，至少有一个因数 2。通过这种方式，我们可以筛去一大堆数字——所有偶数即 2 的倍数。

对于如下数列：

1, 2, 3, 4, 5, 6, 7, 8, 9, 10, 11, 12, 13, 14, 15, 16, 17, 18, 19, 20

我们注意到，所有的蓝色数字都是偶数，也就是当中至少有一半数字都不是质数。这是否意味着一直数到无穷，会有一半的数是偶数，而另一半的数就是质数呢？它看似正确，但事实并非如此，因为其中的一些可以被 3 整除。我们以绿色来显示：

1, 2, 3, 4, 5, 6, 7, 8, 9, 10, 11, 12, 13, 14, 15, 16, 17, 18, 19, 20

可以被 5 整除的数我们以红色显示（已被标记的数颜色不变）：

1, 2, 3, 4, 5, 6, 7, 8, 9, 10, 11, 12, 13, 14, 15, 16, 17, 18, 19, 20

这种方法可以一直持续下去，但确实很乏味，不过**留下的黑色数字**将是质数。一位名为埃拉托色尼（约前 276—前 194）的古希腊学者提出了一个图像式的计算方法。他的设计被称为埃拉托色尼筛选法。

质数的筛选法

在认识到 1 不是质数后，我们将 2 之后每隔 1 个数涂色。如果颜色尚未涂满，则将 3 之后每隔 2 个数涂色，如表 2.1 所示。如果颜色仍未涂满，则将 5 之后每隔 4 个数涂色，依此类推。注意：那些**没有被涂色**的数（除了 1）就是质数了（筛选法的另一种表现形式如图 2.14 所示）。

表 2.1　利用埃拉托色尼筛选法找出 1 到 50 中的质数

1	2	3	4	5	6	7	8	9	10
11	12	13	14	15	16	17	18	19	20
21	22	23	24	25	26	27	28	29	30
31	32	33	34	35	36	37	38	39	40
41	42	43	44	45	46	47	48	49	50

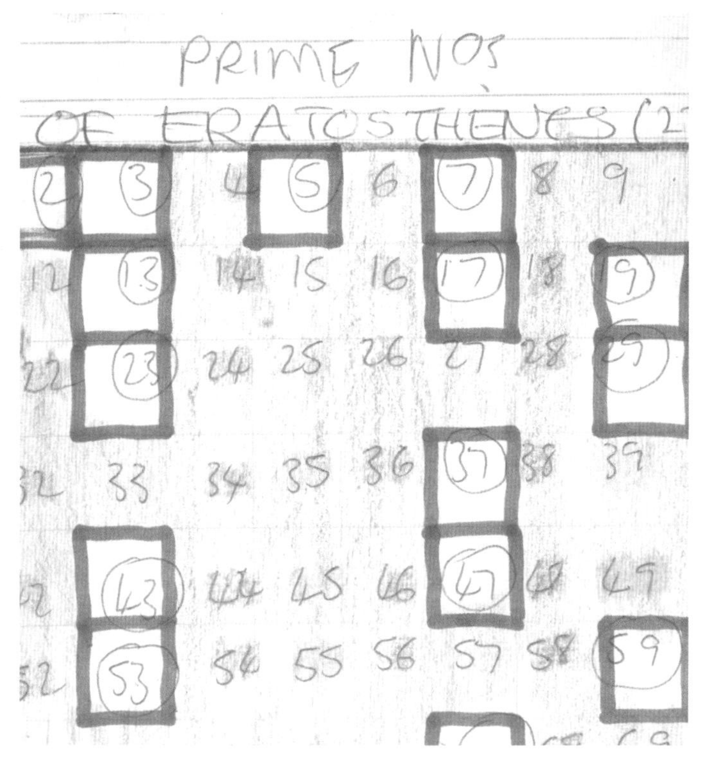

图 2.14　埃拉托色尼筛选法的另一种表现形式

练习二十五：寻找质数

① 在表 2.2 中涂上颜色，直到 100，这样就只留下质数了。

表 2.2　找出 1 到 100 中的质数

1	2	3	4	5	6	7	8	9	10
11	12	13	14	15	16	17	18	19	20
21	22	23	24	25	26	27	28	29	30
31	32	33	34	35	36	37	38	39	40
41	42	43	44	45	46	47	48	49	50
51	52	53	54	55	56	57	58	59	60

续表

61	62	63	64	65	66	67	68	69	70
71	72	73	74	75	76	77	78	79	80
81	82	83	84	85	86	87	88	89	90
91	92	93	94	95	96	97	98	99	100

② 列出 2 到 100 之间的质数。

2, 3, 5, 7, 11, 13, 17, 19, 23, 29, 31, 37, 41, 43, 47, 53, 59, 61, 67, 71, 73, 79, 83, 89, 97。

③ 2 到 100 之间有多少个质数？ 25 个。

④ 你至少需要用到多少种颜色？

不会是 11、13、17，它们的倍数皆已被上色了。

⑤ 在这些质数数组中，你发现了什么规律吗？

质数有时隔一个数字成对出现，大于 3 的所有质数在加 1 或减 1 后可以被 6 整除。

⑥ 二进制数 1000011 是质数吗？（注意：质数的性质与基底无关）

$1000011_2 = 1\times2^6+0\times2^5+0\times2^4+0\times2^3+0\times2^2+1\times2^1+1\times2^0=2^6+2^1+2^0=67_{10}$。所以这是一个质数。

毕氏三数组

是什么样的壮举使得毕达哥拉斯如此广为人知呢？

练习二十六：毕氏三数组

这是一个探索所谓的“毕氏三数组”的练习。什么样的两个整数的平方相加所形成的整数本身也是一个**平方数**？

下面这些数是否符合这个要求呢？

① 40 和 30 可行吗？是的，30^2 加 40^2 即 $30\times30+40\times40$，得到 2500。而 2500 当然是 50^2，也就是说 50 是 2500 的平方根（译注：一个正数有两个实平方根，它们互为相反数，本书中均取正平方根）。马上试试看吧。

② 20 和 30 呢？

③ 3 和 4？

④ 5 和 13？

⑤ 12 和 5？

⑥ 1 和 1？

⑦ 240 和 250？

是否有一个规则，如此我们就不用反复试验，而且它还可以告诉我们如何构建像这样的**毕氏三数组**？

是的，这个规则是有的，而且也不是太困难，我们将在下一个练习中阐述。并非我们用任何两个数尝试都可以得到一个**完美平方数**。如果某个整数不是一个完美平方数，我们可以找到它的平方根吗？有一个**演算法**，并且不需要用到计算器，稍后我们再作讨论。

与此同时，我们要如何构建这样的三数组呢？

练习二十七：一种确定毕氏三数组的方法

对于我们要求的 3 个未知数 a、b 和 c，令 $a^2+b^2=c^2$。

现在，我们令 $a=2pq$，$b=p^2-q^2$ 和 $c=p^2+q^2$，其中 p 和 q 均为正整数，并且 p 大于 q（以符号表示，$p>q>0$）。有了这些附加条件，我们就可以构造一些三数组。

① 令 $p=4$ 和 $q=3$（它们都是正整数，且 $4>3$，p 是偶数，但 q 不是），那么 a、b 和 c 分别是多少呢？

$$a=2\times4\times3=24,\ b=4^2-3^2=7,\ c=4^2+3^2=25$$

检查是否满足 $a^2+b^2=c^2$，其中 $a=24$，$b=7$。

$$\begin{aligned}24^2+7^2&=24\times24+7\times7\\&=576+49\\&=625\\&=25^2\end{aligned}$$

正如预期，$a^2+b^2=c^2$，现在试试下面这些练习。

② 令 $p=2$ 和 $q=1$（这是最受人喜爱的一组数），那么 a、b 和 c 分别是多少？

③ 令 $p=3$ 和 $q=2$，则 a、b 和 c 分别是多少？

④ 令 $p=5$ 和 $q=2$，则 a、b 和 c 分别是多少？

⑤ 令 $p=4$ 和 $q=2$，则 a、b 和 c 分别是多少？

⑥ 列出 4 个毕氏三数组。

p 与 q 是否需要符合其他条件呢？有的书上说两个数当中有一个必须为偶数（即可被 2 整除），真是如此吗？

利用上述方法可以找到所谓的“纯粹”三数组。但是，不需要特殊条件仍然可以找到 c 的值。我们通过图形上的（或几何上的）进一步探索，可以看到这一点。

练习二十七中第二题的答案是 $a=4$，$b=3$ 和 $c=5$。一个数的平方加上另外一个不同数的平方等于第三个数的平方，在空间中（或者平面上）的意义是什么（见图 2.15）？

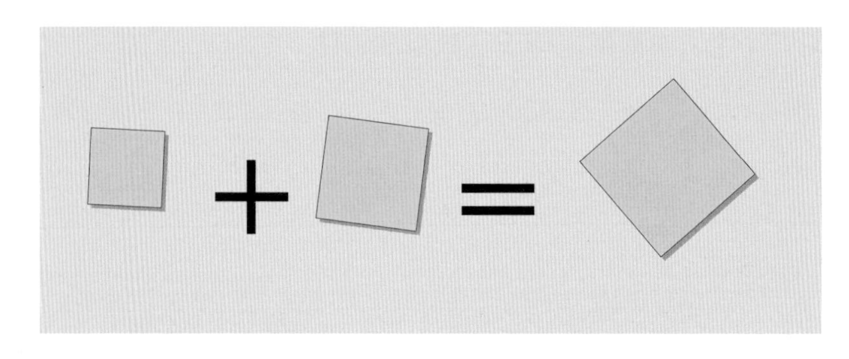

图 2.15　$a^2+b^2=c^2$ 的几何表达

上图可以按照更有意义的方式排列吗？当然可以。我们发现，可以将这些正方形放在一起，它们在空间中便形成一个三角形（见图 2.16）。这也是最有意思的三角形之一，因为在它的 3 个内角（如我们所知，3 个内角的和是 180°）中有一个是直角，如图 2.17 所示。在这里，数和几何之间产生了一种神秘的关系……很久以前的苏美尔人似乎就发现了这一点，但这一知识的推广要归功于古希腊数学家毕达哥拉斯。

这些正方形与直角三角形还有很多可以讨论，但现在让我们先画出练习二十八中两直角边均为 10cm 的直角三角形的**最长边**，看看会有什么结果。

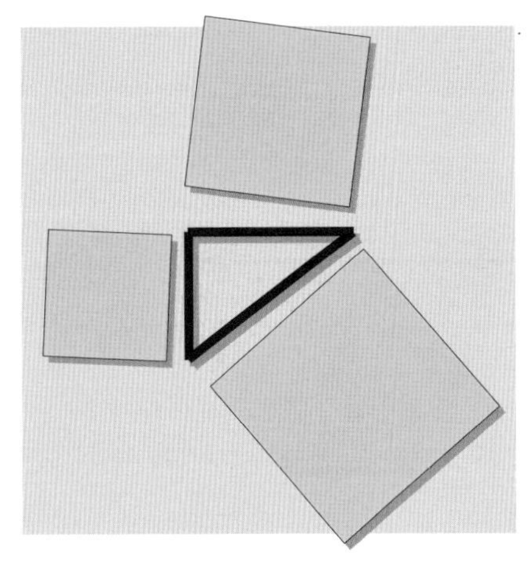

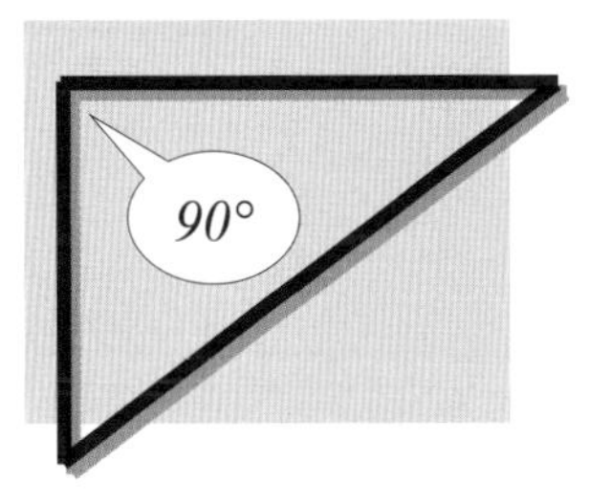

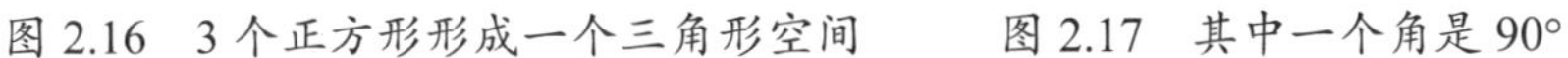

图 2.16　3 个正方形形成一个三角形空间　　　图 2.17　其中一个角是 90°

练习二十八：找出特定直角三角形的最长边

以一条直角边开始，我们要如何找到直角三角形的最长边呢？当然我们可以画出完整的三角形（见图 2.18），并且得到答案。

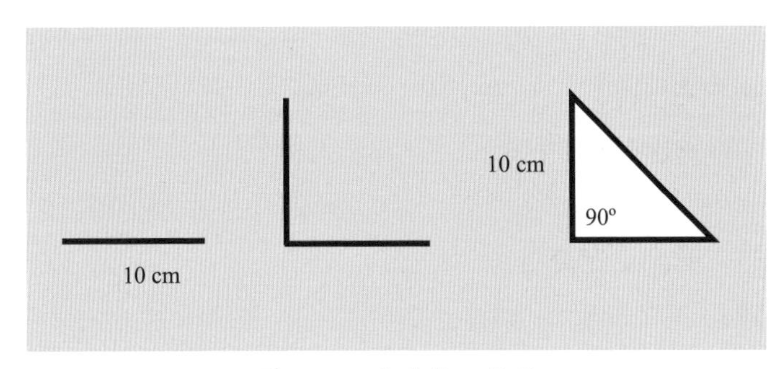

图 2.18　画直角三角形

① 首先绘制长 10cm 的底边水平线，如图 2.18 所示。

② 现在，在底边的左端点画出长 10cm，并与底边垂直的线（回忆一下练习一的作图方法，见图 2.19）。连接两直角边的另一端点，便得到了三角形的斜边（即最长边）。

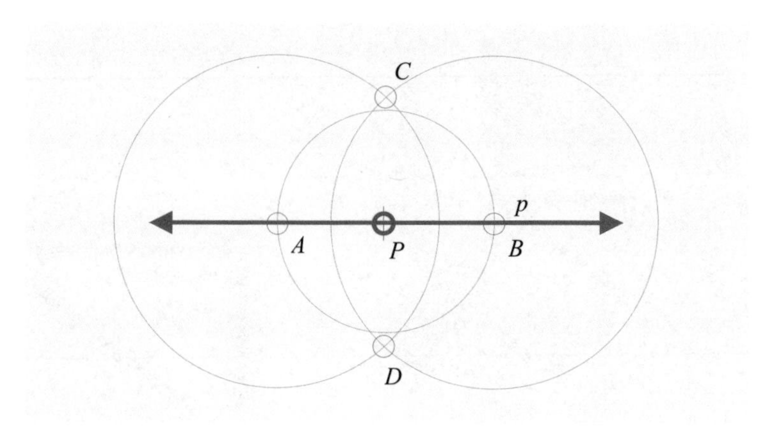

图 2.19 绘制垂线的方法

③ 尽可能准确地度量三角形的最长边，它大约是 14cm，或许是 14.1cm，检查一下。我们可以得到更精确的数据吗？它可以是 14.14cm，甚至是 14.142cm。

从以上得到的数来看，此三角形中两个直角边的平方和与最长边（即**斜边**）的平方是相等的。

$1^2 + 1^2 = 2$，没错，至少到目前都正确。或者，$10^2 + 10^2 = 200$。但什么数的**平方**是 2 呢？或者，什么数的平方是 200 呢？是 14 或 14.1 或 14.14 或 14.142 吗？检查这些数的平方。

$14 \times 14 = 196$；

$14.1 \times 14.1 = 198.81$，距离 200 不太远；

$14.14 \times 14.14 = 199.9396$，非常接近 200 了；

最后（如果我们可以准确地度量到）$14.142 \times 14.142 = 199.996\ 164$，这就非常接近 200 了。

利用度量工具不同的精度，看看它与 200 能有多接近，这是一个有意思的练习。

练习二十九：200 的平方根是多少？

学生应先用他们标准的直尺来度量，首先精确到厘米。然后，精确到小数点后一位，再到小数点后两位。用标准的直尺去找小数点后的更多位并没有多大意义，因为其位置与第一次画出来的地方差不多！现在，制作一张表（见表 2.3），请完成下面这个表格。

表 2.3　探求 200 的平方根

以厘米为单位测量	求平方	用 200 去减	除以 200	计算误差值
14	14 × 14 = 196	200 −196 = 4	4/200 = 0.02	0.02 × 100 %= 2%
14.1				
14.14				= 0.0302%

有关精确性，你注意到什么？如果使用更多的小数位数，是否可以得到更接近的结果？

当然可以，但我们可以恰好得到 200 吗？我不这么认为。因此，在这里学生们可以看到一些有趣的数，这些数预示着我们无法得到精确的平方根。虽然如此，但我们知道它**大约**是 14.14。

在表 2.3 中最好的答案是 14.14，即使如此，它也出现了 0.0302% 的误差。这虽然已经很不错了，但也不是**精确**的平方根。据说，这个 3 条边长分别为 10、10 和 14.14 的简单三角形对古希腊世界造成了很大的麻烦。因为此三角形中的一个边长不是整数，对他们而言，世界是由整数构成的。

在进一步的练习中，我们将会找到几个有趣的数。这些特殊有趣的数被称为**不尽根数**或**无理数。**重要的是，我们已经发现有些数并不是简单的自然数，而这全都来自几个三角形，如下面练习中所展示的那样。

练习三十：几个无理数

一开始选择画边长为 10cm 的三角形，是为了让作图更精确。

① 在图 2.20 中，标记点 O，并画一条长 10 cm 的水平线到点 A。

② 从点 A 向上画一条 10 cm 的垂线到点 B。

③ 连接 OB，形成三角形 OAB。

④ 以点 O 为圆心，以 OB 线段长为半径画圆。

⑤ 该圆与 OA 的延长线相交于点 C，则 OC 线段的长度约为 14.14 cm（或$\sqrt{200}$ cm）。

⑥ 从点 C 继续向上画一条长 10 cm 的垂线至点 D。

⑦ 连接 OD，形成三角形 OCD。

⑧ 以点 O 为圆心，以 OD 线段长为半径画圆。

⑨ 该圆与 OA 的延长线相交于点 E，则 OE 线段的长度约为 17.32cm（或$\sqrt{300}$ cm）。

⑩ 这个程序当然可以一直持续下去！学生应该试着画到整个序列中的下一个整数（也就是 30）。这也是绘图和圆规使用的一个精确性测试。

⑪ 写下直线 OA 上所有半径的长，应该有 OA =10 cm，OC = 14.14cm，OE = 17.32 cm 等。在这里已经产生了不少有趣的数。像 200、300 和 500 都是整数（或无小数点的数），而$\sqrt{200}$、$\sqrt{300}$和$\sqrt{500}$就是我们所说的不尽根数或无理数。

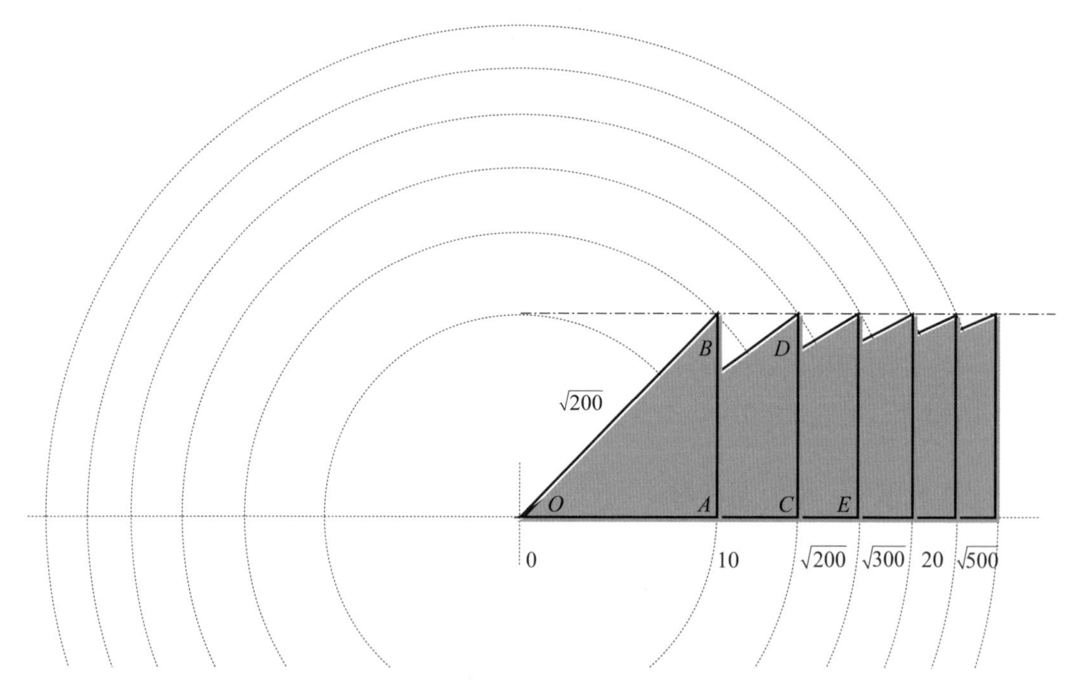

图 2.20 作图法求无理数

现在，产生了一种只能用根式符号（$\sqrt{\ }$）才能**准确**表达的数。在不使用计算器的情况下，该怎样做才能得到这些数的良好近似值呢？（即使不是精确的。）这些无理数对制造者或木匠似乎有帮助！有一种方法（或算法）可以找到平方根。这有点复杂，但不会太困难。我们用已知的数进行第一个测试，以确保我们晓得这个运算的正确性。例如，678×678 的结果为 459 684，于是我们就会知道$\sqrt{459\ 684}$ 等于 678。这个方法将在下面的练习中演示，它有点像是一种特别的长除法。

练习三十一：通过计算找出一个数的平方根

① 在一个如图 2.21 所示的网格纸上写下一个数（本例是 459 684）。以小数点位数开始向左每隔两个数画一条垂线。想想哪个数在自乘后不超过且接近 45。答案是 6。将 6 置于由右数第 6 列的 5 的上方的空格中。将 45 减去 36，得到余数 9。

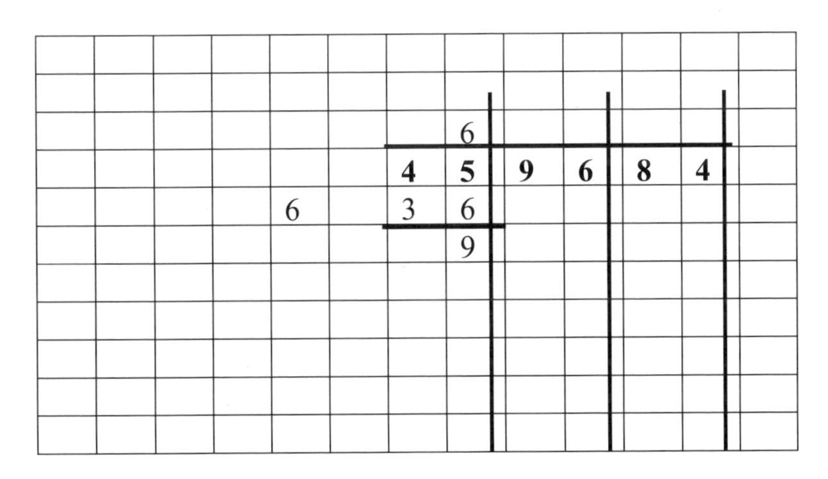

图 2.21　步骤 1

② 将最上方的 6 乘以 2，得到 12。将 1 和 2 分别置于图 2.22 中左数第 3 列和第 4 列的空格中，将后面两个数字（即 96）下移至第 6 行。现在，想想看什么数与 120 相加后的结果再乘以这个数会小于且最接近 996。答案是 7，也就是 $127\times7=889$。将 7 置于右数第 4 列第 4 行的 6 的上方，并将 889 放在 996 的下方，将两数相减得 107（见图 2.22）。

							6		7			
						4	**5**	**9**	**6**	**8**	**4**	
				6		3	6					
							9	9	6			
		1	2	7			8	8	9			
							1	0	7			

图 2.22　步骤 2

③ 重复此过程。现在，将最顶端的 67 乘以 2，得到 134。将 134 分别放在第 2 列、第 3 列和第 4 列的空格中。正如你所看到的，接下来将后面两个数字（即 84）下移到第 8 行。此时想想什么数与 1340 相加后的结果再乘以这个数会小于或等于 10 784。这将是 8，即 1348 × 8=10 784。将 8 置于由右数第 2 列第 4 行的 4 的上方。将 10 784 置于 10 784 的下方并相减，恰好得到 0，如图 2.23 所示。

							6		7		8	
						4	**5**	**9**	**6**	**8**	**4**	
				6		3	6					
							9	9	6			
		1	2	7			8	8	9			
							1	0	7	8	4	
	1	3	4	8			1	0	7	8	4	
											0	

图 2.23　步骤 3

由于没有余数，所以我们可以断言 678 正是 459 684 的平方根。为什么这种方法可行，则是另外一回事了。

但是，假使我们并没有一个具有精确平方根的整数呢？这种方法可以无止境地进行。请尝试计算 2 的平方根到小数点后第十位。大部分的计算器只能显示到小数点后第九位，所以要求计算到第十位会有点麻烦！但是，现在不会了，我们有了上面的计算方法。我真的请一些七年级学生做了这个练习，他们都通过上述方法得到了结果。

练习三十二：计算任何数（本例是 2）的平方根

① 找出 2 的平方根到小数点后第十位。正如上面所述，首先将 2 置于小数点前，然后在小数点之后填入 22 个零（没错！），如图 2.24 所示。

图 2.24　在小数点后填入 22 个 0

② 想想看哪个数在自乘后接近 2，答案是 $1 \times 1 = 1$。因此，将一个 1 放在 2 的上方，另一个 1 则放在 2 下方的左侧，并在 2 的下方也写下 1，如图 2.25 所示。

③ 此时用 2 减去 1，得到 1。将两个 0 下移得到 100。把最顶端的 1 加倍再乘以 10，得到 20，把 2 放于竖式左侧 1 的左下角。从 $22 \times 2 = 44$，$23 \times 3 = 69$，$24 \times 4 = 96$ 中，看看哪个结果小于且最接近 100。只有 24 和 4 这组，它们的乘积被 100 减后余数小于 24（见图 2.26）。对于**估算**而言，这是一个不错的练习。

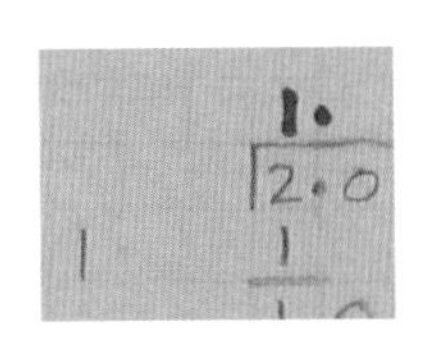

图 2.25　放入 1×1=1

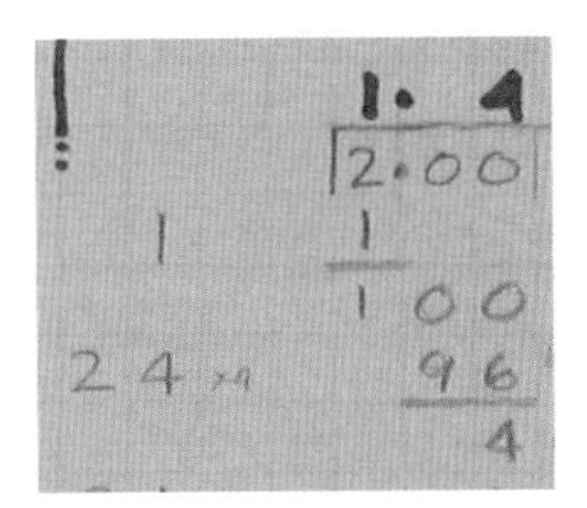

图 2.26　放入 24×4=96

④ 将 100 减去 96，余数是 4。再一次将两个 0 下移得到 400。持续这个过程。

这里显示了多达 11 位小数（为什么是 11 位小数，而不是 10 位呢？），如图 2.27 所示。涉及加法、减法、乘法及估算的整个计算过程是一个超棒的练习。虽然有计算器把关，我们直到最后一分钟，或者更确切地说，在所求的最后两位小数的地方都保持在正确的计算轨道上，但这个练习仍很容易出现错误。

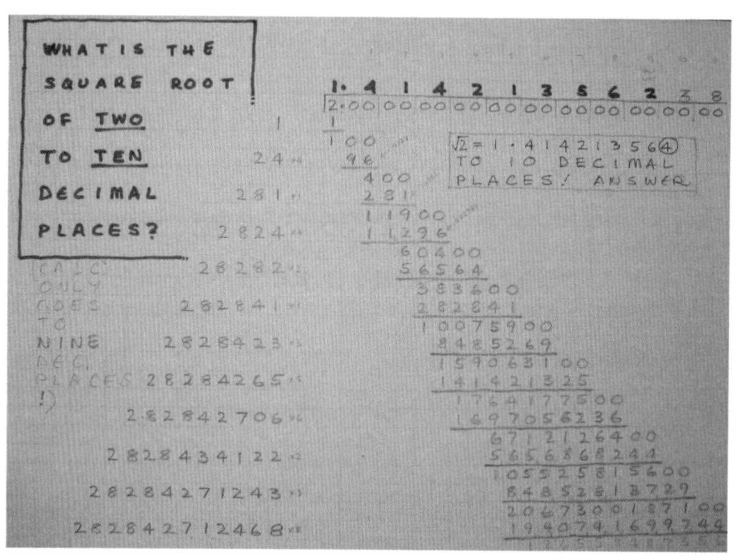

图 2.27　求 2 的平方根的计算过程

练习三十三：请找出下列数的平方根（但不要使用计算器）

① 计算 1 522 756 的精确平方根。　1234

② 计算 2.618 的平方根到小数点后两位。　1.62

③ 计算 3 的平方根到小数点后 3 位。　1.732

④ 计算 3 的平方根到小数点后 10 位。（要花一个周末！）

1.732 050 807 56…小数点后第 11 位四舍五入后是 1.732 050 807 6。

⑤ 你能找到 –1 的平方根吗？（可能吗？）　不能。

勾股定理

这个定理通常叙述如下。

对一个直角三角形而言，以其斜边为边长的正方形的面积等于另外两个以直角边为边长的正方形的面积之和。

对于许多直角三角形，我们不需要借助花哨的技巧（甚至是计算器）就可以找到其平方根。这是当我们已经知道一个数的平方是多少的时候。

一些熟悉的毕氏三数组实例如下。

3 – 4 – 5，5 – 12 – 13，7 – 24 – 25。

以及它们的倍数，如 6 – 8 – 10，21 – 72 – 75。

如果某个数的平方根没有整数解，那么我们也知道如何找到最接近的近似值。

这一切都很美好。但是，对于数学家来说，无论如何，他们都想要知道事物发展的原理！这也是为什么他们对于证明如此重视。某些特例的呈现只能说是**演示**，而不能说是证明。因此，我们需要找出规律。

对代数式的证明是在多年后才出现的，因此，这里显示的只是一些和作图有关的案例。

演示

想想这样的地砖……共 9 块地砖，每一块正方形地砖里都镶嵌着 4 块等腰直角三角形，这就是一个很好的演示（见图 2.28）。

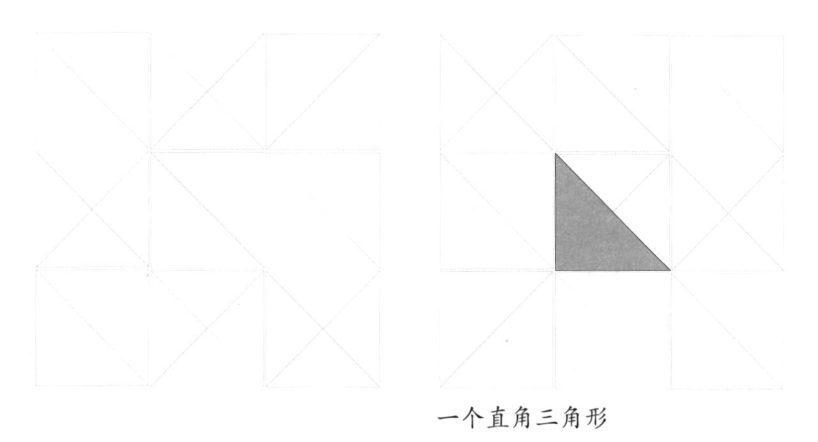

一个直角三角形

图 2.28　利用地砖演示勾股定理

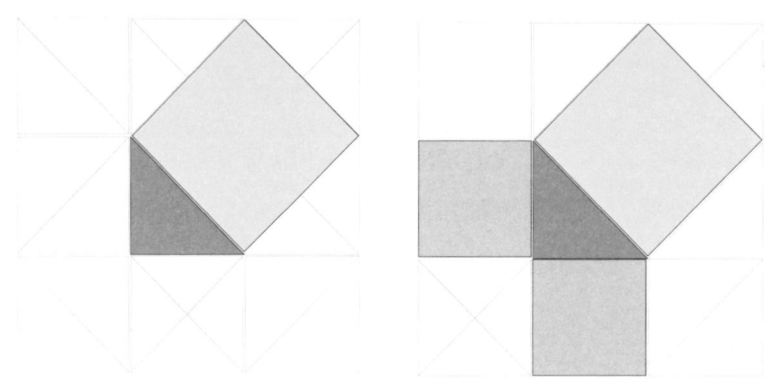

斜边上的正方形的面积　　等于另外两直角边上的正方形的面积之和

图 2.28　利用地砖演示勾股定理（续）

练习三十四：毕达哥拉斯 3–4–5 三角形演示

① 在一张黄纸上绘制 3cm × 3cm 的正方形。该正方形的面积即 $3^2 = 3 \times 3 = 9$（cm^2）。

这可以表示一个边长为 3 个单位长度的正方形，如图 2.29 所示。

② 在一张蓝纸上绘制 4cm × 4cm 的正方形。该正方形的面积即 $4^2 = 4 \times 4 = 16$（cm^2）。

这可以表示一个边长为 4 个单位长度的正方形，如图 2.30 所示。

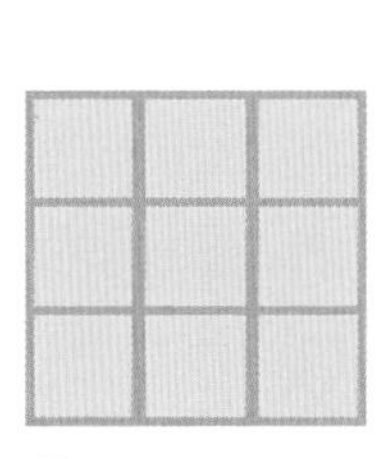

图 2.29　3 × 3=9

图 2.30　4 × 4=16

③ 分别切割两个正方形，将得到 25 个边长为单位长度的小正方形。

④ 将这两个正方形拆开，然后把这 25 个小正方形重组成一个完整的、每边边长为 5 个单位长度的**大正方形**，如图 2.31 所示。

图 2.32 是学生完成的作业，最长边所对应的角是直角这件事在图中十

分明显。就如字面上所言，**一个直角三角形两股上的正方形的面积之和，等于斜边上的正方形的面积。**

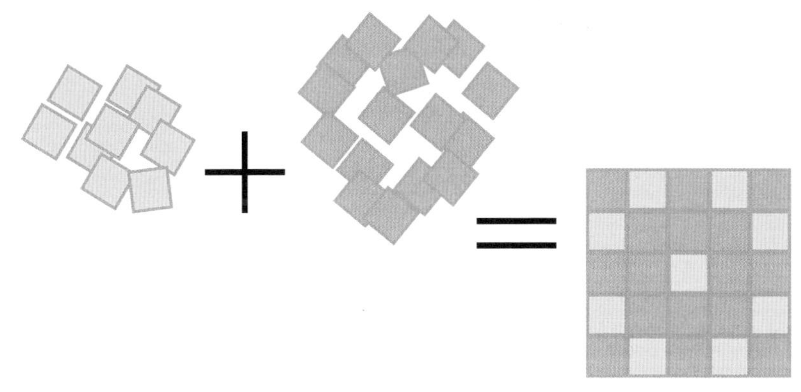

图 2.31　9+16=25

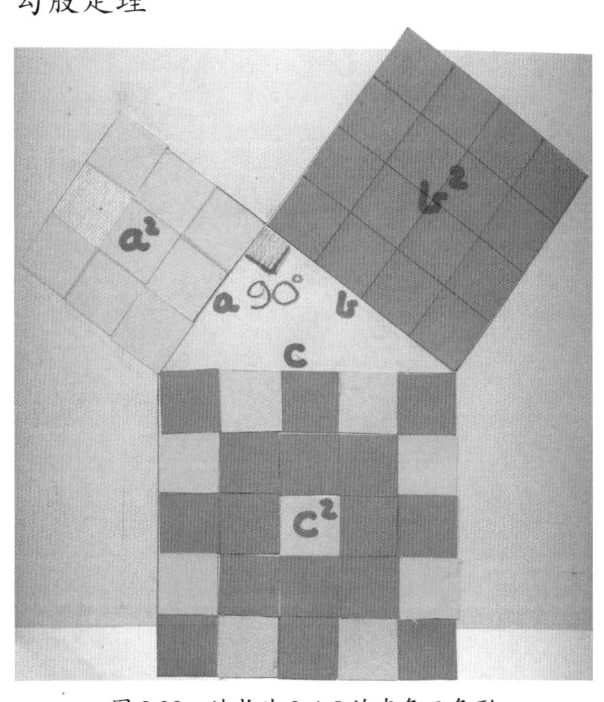

图 2.32　边长为 3-4-5 的直角三角形

斜边是指最长的边（见图 2.33），它是从希腊文延伸而来的。其他两边则被称为“股”，或简称“边”。

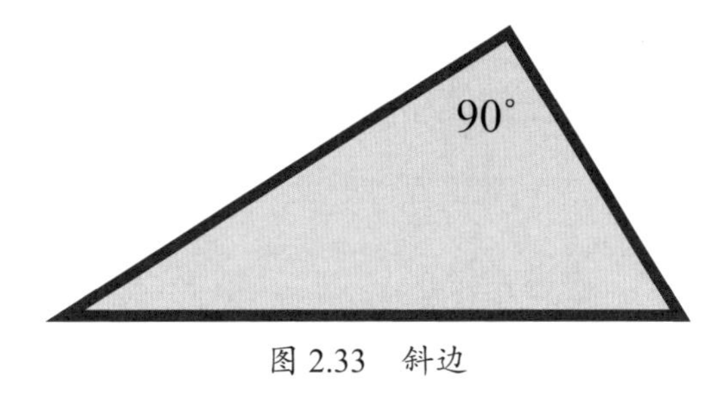

图 2.33　斜边

亚历山大·伯格穆尼曾列出了 54 个有关这个定理的证明，他还提到一本由 20 世纪早期的罗密士教授所著的书，里面有 367 个有关勾股定理的证明！

婆什迦罗的证明

大多数定理的证明都含有代数的成分，因此，这对七年级学生而言可能有些困难。其中一个漂亮的证明是由婆什迦罗在大约公元 1150 年给出的（见图 2.34）。

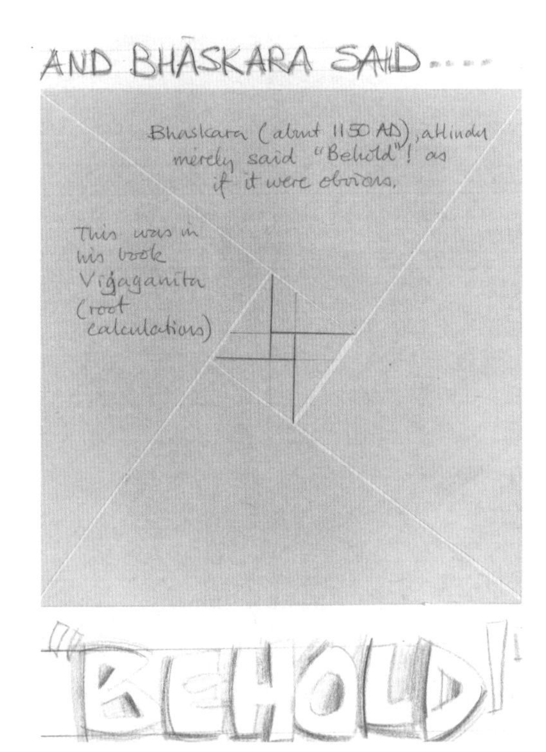

图 2.34　婆什迦罗有关勾股定理的证明

练习三十五：婆什迦罗有关勾股定理的证明

① 找 4 个大小完全一样的直角三角形，如图 2.35 所示。

② 现在，将这些直角三角形重新排列成**正方形**，其中正方形的边是原直角三角形中的斜边，如此在大正方形的中央会形成一个小正方形，如图 2.36 所示。

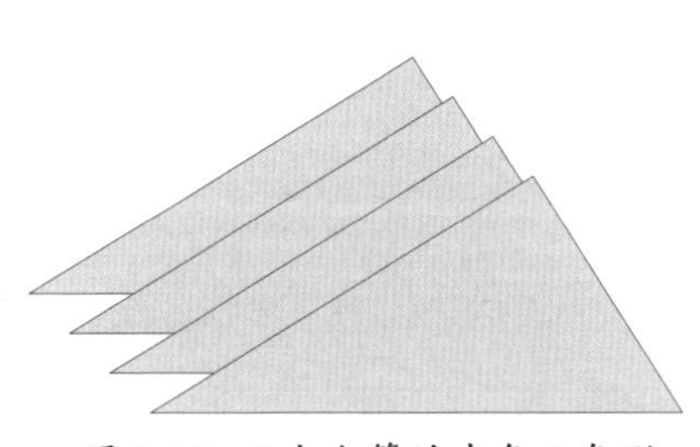

图 2.35　4 个全等的直角三角形

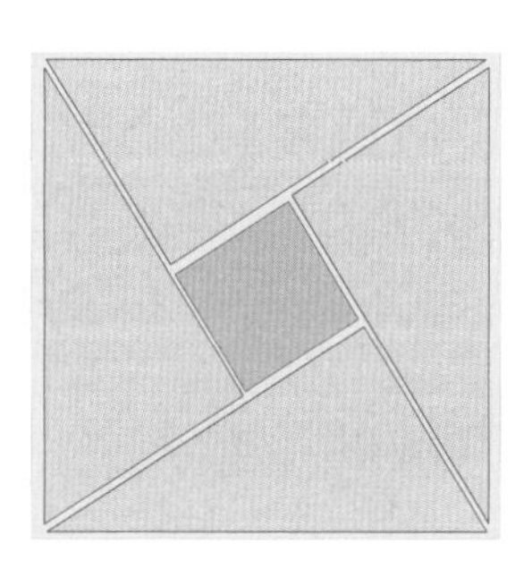

图 2.36　组成正方形

③ 分别用 a、b 和 c 标注直角三角形的三边（见图 2.37）。

④ 令小正方形的边长为 d（见图 2.38）。

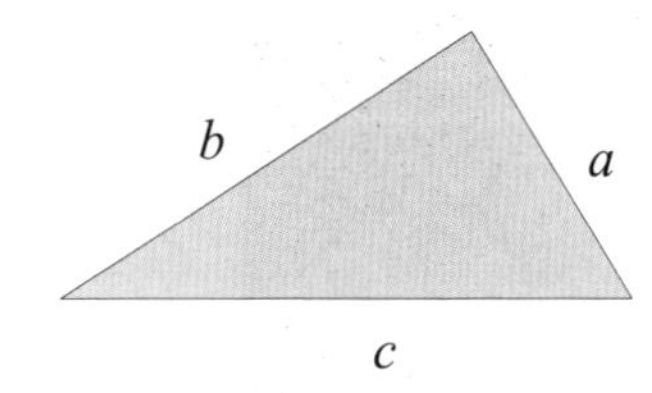

图 2.37　标注直角三角形的三边长

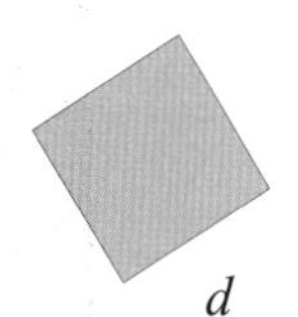

图 2.38　标注小正方形的边长

⑤ 我们注意到这些直角三角形与小正方形的面积之和为大正方形的面积，如图 2.39 所示。

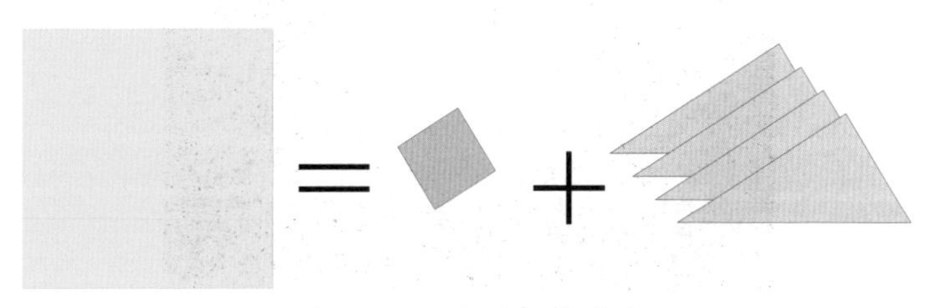

图 2.39　面积的相等关系

⑥ 因为 $d = b - a$（仔细观察图 2.36），所以 $d^2 = (b - a)^2$。另外，我们注意到，一个蓝色三角形的面积为 $\frac{b \times a}{2}$。将图 2.39 中的关系以符号形式书写，可以表示为：

$$c \times c = d \times d + 4 \times \frac{a \times b}{2}$$

或 $$c^2 = d^2 + 2ab$$

因此 $$c^2 = (b - a)^2 + 2ab$$

现在，将右式展开，我们得到：

$$c^2 = b^2 - ab - ab + a^2 + 2ab$$

$$c^2 = b^2 - 2ab + a^2 + 2ab$$

$$c^2 = b^2 + a^2$$

证明完毕。故得：

$$a^2 + b^2 = c^2$$

正如这个公式通常表示的样子！

图 2.40~ 图 2.43 是近年来一些学生的作品。

图 2.40　学生作品 1

图 2.41　学生作品 2

图 2.42 学生作品 3

One theory is that Pythagoras discovered his famous theorem on his way to the bath,...

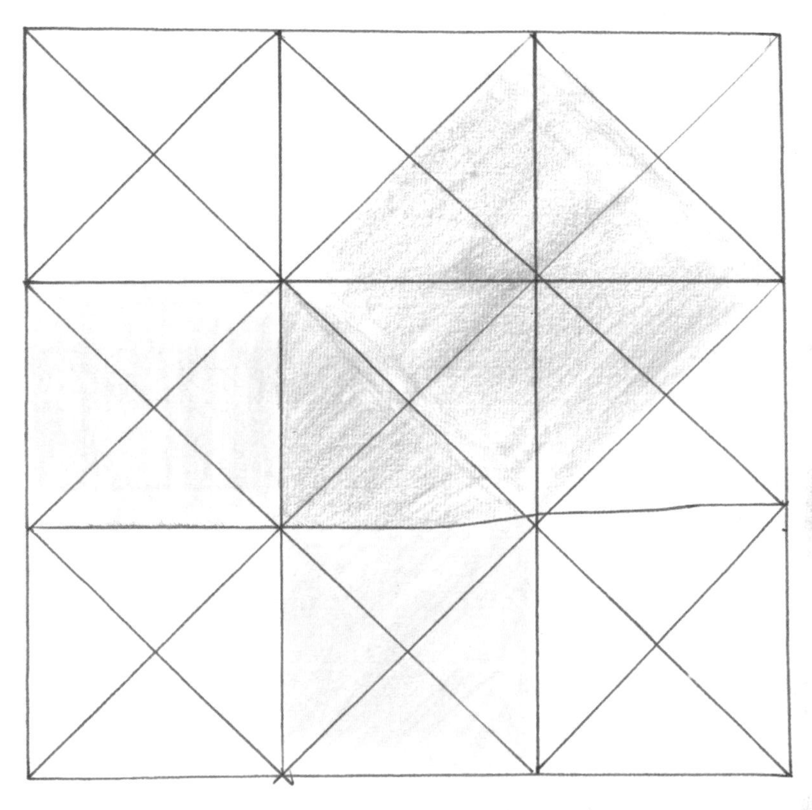

...He saw the solution in the floor tiles of the bath house.

图 2.43　学生作品 4

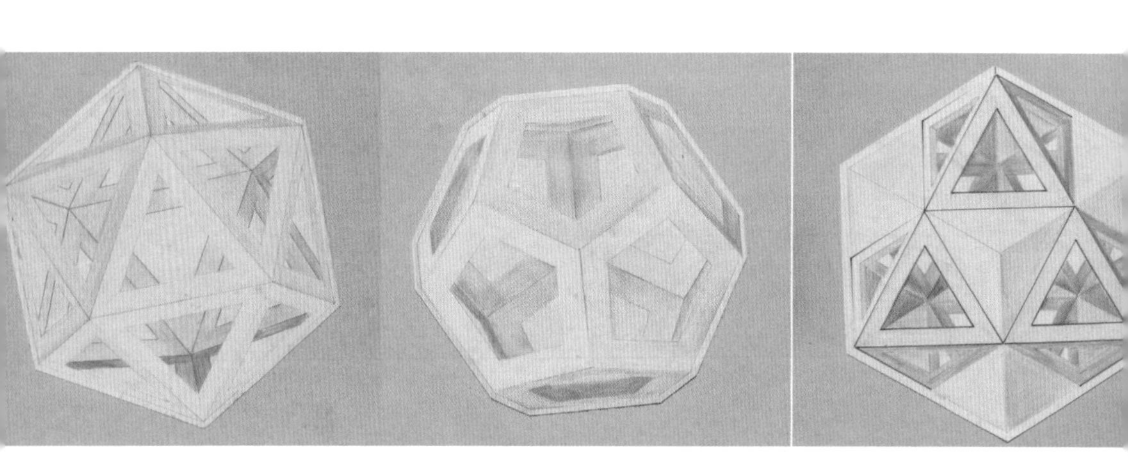

第 3 章　柏拉图立体

八年级学生（13~14 岁）开始从平面图像进入到对空间立体图形的学习阶段，他们渴望利用黏土、泥巴、橡皮或蜂蜡等材料，制作各式各样的立体模型。如今，这个活动被赋予一种抽象的意义，其形式本身被视为具有潜藏的价值。

现在，这些形式可以转换成易于计算的关系式。在过去制作模型的经验中，这些关系式并非那么显而易见，需要准确计算与细心绘图，以制作出令人满意的形式。对此，学生多已能驾轻就熟，他们制作的模型（见图 3.1）与绘制的作品经常是如此独一无二。

图 3.1　正十二面体（由学生制作的玻璃模型）

在这门课程中，学生们所探索的**形式**是可以转换及互相关联的最简单、最规则的形式，它们也常出现在我们的空间中。这些形式甚至可以在大自然中被看到——前提是我们必须用心**去看**。大自然不会轻易暴露它的秘密，即使是最基本的结构。我们必须做些功课，才能看到这种“被隐藏的秘密”。

图 3.2 仿自开普勒在《宇宙的奥秘》（*Cosmographicum*）一书中所表达的著名想法，其概念是将所有的行星排列在巨大的球面上，太阳位于共同

图 3.2　各种多面体形式

的球心上，整个太阳系依照 5 种柏拉图立体定位。例如，对应在土星和木星之间的球面是立方体（正六面体）；在木星和火星之间则是正四面体等。由于当时尚未发现其他行星，因此该模型的最外层行星只到土星。对八年级学生而言，要制作这些边长迥异的正多面体或至少其中某些部分，挑战不可谓不大。

然而，图 3.3 所示的 5 种柏拉图立体究竟是什么？为什么这些立体会是八年级学生的重要课题？这两个问题将在本章中逐一介绍。

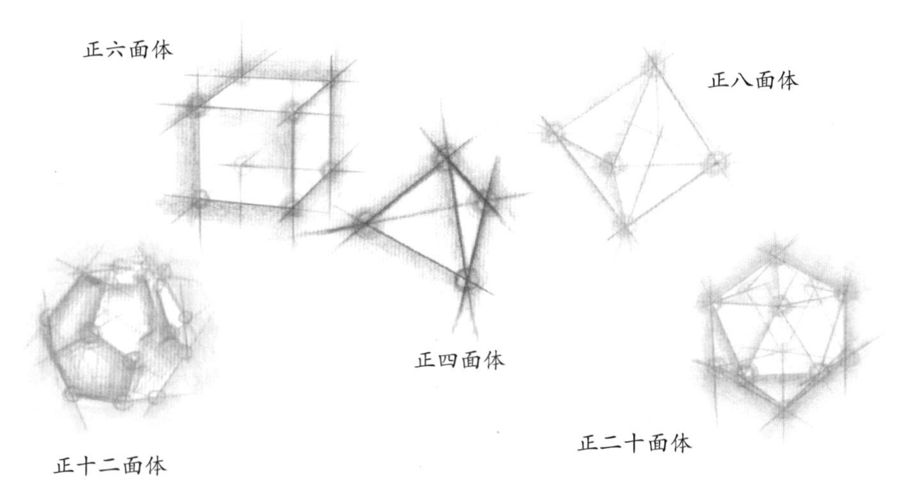

图 3.3　5 种柏拉图立体

历史上的柏拉图立体

过去看待这 5 种正多面体的各种方式、理由，以及其呈现手法不一而足。在埃及，曾出土正二十面体骰子（见图 3.4）。

在苏格兰东北部，曾发现许多球状的小石头，上面的主要刻纹清楚地绘出了这 5 种立体图形，虽然不全然局限于此，但数量已达 500 多个。考古学家虽已估测出这些石球约诞生于公元前 2500 年，也就是 4500 多年前，但究竟是何人、何时、为何而刻？我们总想要一个说法，不是吗？

图 3.4　大英博物馆馆藏的古埃及正二十面体骰子

早在柏拉图之前，尼安德特人大量刻制这些石球，到底是何用途？其造型并非我们今日所熟悉的正多面体，图 3.5 所示即为其中两种，透过大小适中的圆环，我们可以清楚地看到石球上刻画的立方体结构。

图 3.5　苏格兰石球上的立方体结构

柏拉图在其著作《蒂迈欧篇》（*Timaeus*）中介绍了 5 种正多面体（见图 3.6 和图 3.7），它们分别与当时所认知的 5 种元素（土、水、气、火和以太）有关。

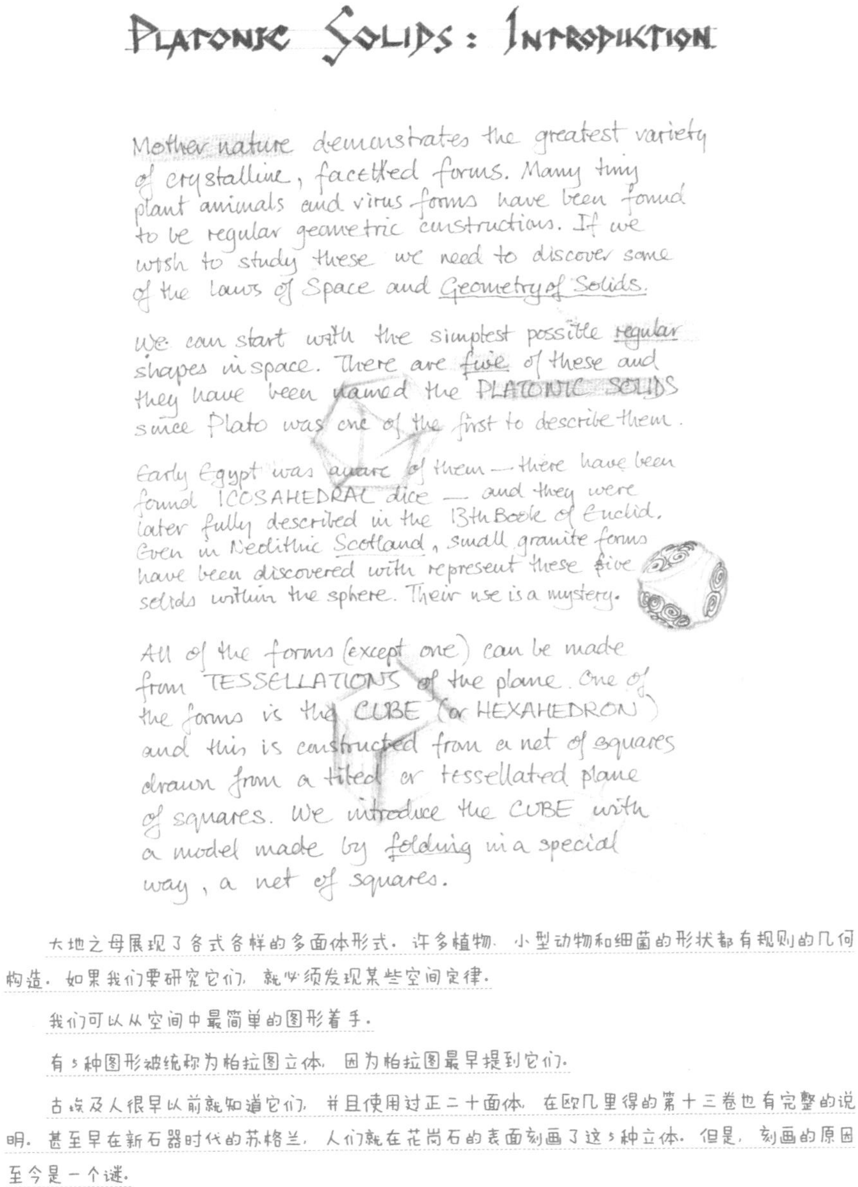

PLATONIC SOLIDS: INTRODUCTION

Mother nature demonstrates the greatest variety of crystalline, facetted forms. Many tiny plant animals and virus forms have been found to be regular geometric constructions. If we wish to study these we need to discover some of the laws of Space and Geometry of Solids.

We can start with the simplest possible regular shapes in space. There are five of these and they have been named the PLATONIC SOLIDS since Plato was one of the first to describe them.

Early Egypt was aware of them — there have been found ICOSAHEDRAL dice — and they were later fully described in the 13th Book of Euclid. Even in Neolithic Scotland, small granite forms have been discovered with represent these five solids within the sphere. Their use is a mystery.

All of the forms (except one) can be made from TESSELLATIONS of the plane. One of the forms is the CUBE (or HEXAHEDRON) and this is constructed from a net of squares drawn from a tiled or tessellated plane of squares. We introduce the CUBE with a model made by folding in a special way, a net of squares.

大地之母展现了各式各样的多面体形式．许多植物、小型动物和细菌的形状都有规则的几何构造．如果我们要研究它们，就必须发现某些空间定律．

我们可以从空间中最简单的图形着手．

有 5 种图形被统称为柏拉图立体，因为柏拉图最早提到它们．

古埃及人很早以前就知道它们，并且使用过正二十面体．在欧几里得的第十三卷也有完整的说明．甚至早在新石器时代的苏格兰，人们就在花岗石的表面刻画了这 5 种立体．但是，刻画的原因至今是一个谜．

图 3.6 《蒂迈欧篇》引言页

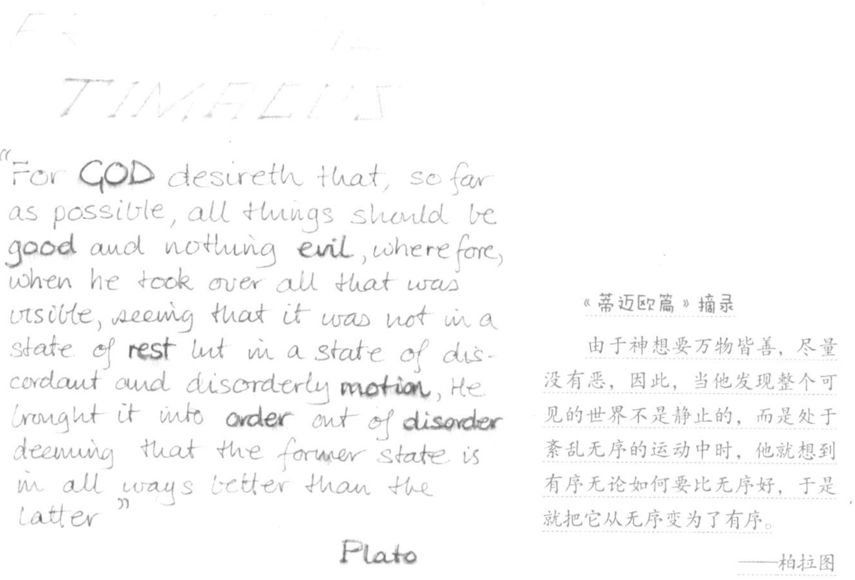

"For GOD desireth that, so far as possible, all things should be good and nothing evil, wherefore, when he took over all that was visible, seeing that it was not in a state of rest but in a state of discordant and disorderly motion, He brought it into order out of disorder deeming that the former state is in all ways better than the latter"

Plato

《蒂迈欧篇》摘录

由于神想要万物皆善，尽量没有恶，因此，当他发现整个可见的世界不是静止的，而是处于紊乱无序的运动中时，他就想到有序无论如何要比无序好，于是就把它从无序变为了有序。

——柏拉图

图 3.7　柏拉图的《蒂迈欧篇》

不知柏拉图所指的空间是否就是宇宙，若真是如此，柏拉图可真有先见之明，因为 2003 年刊登在《自然》科学期刊上的一篇文章暗喻说：就某些观点来看，宇宙即是正十二面体结构。

此概念源自于：倘若宇宙是平坦的，为什么背景辐射波不具有它应有的最宽的波长，而许多科学家相信，这种辐射波至今一直都在扩张。因此，如果宇宙不是平坦的，那么就必然是有形体的！有学者举出数学家庞加莱的**十二面体**的空间概念。宇宙真的会是十二面体的结构吗？

平面图形

在平面上，利用铅笔、圆规和直尺来精确画出正三角形、正方形和正五边形是一项相当简单的任务。只要将圆分别三等分、四等分和五等分即可。为什么在画正多边形时这 3 个数如此显而易见呢？

因为如果将圆心角除以"一"，则 360° /1= 360° ，那是所谓的"无意义"，我们显然无法得出一个"一"边形。360° / 2 = 180° ，仅仅只有两条边，亦无法构成一个封闭的图形。直到 360° / 3 = 120° ，如果先从圆心画出夹角为 120° 的射线，它们与圆周相交，然后连接 3 个交点，即可得正三角形（见图 3.8）。

BASIC TRIANGLES

The series of natural or cardinal numbers..
1 2 3 4 5 6 7 8 9 10 11 12 13......
goes on forever.
A start is made, very simply, from three consecutive numbers in this series.
1 2 3 4 5 6 7 8
We select 3, 4 and 5 as divisors of 360° of the circle.

ANGLES

The sizes of the angles which result from this division are; ~~in the ratios~~

$$\frac{360^\circ}{3} : \frac{360^\circ}{4} : \frac{360^\circ}{5}$$

for example, simplified, that is...
120° : 90° : 72°
Pictorially these are:

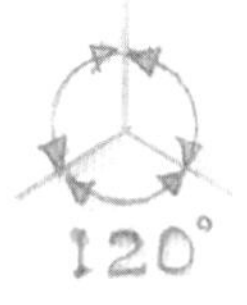

基本三角形

自然数：

1 2 3 4 5 6 7 8 9 10 11 12 13…

一开始很简单，从数列中取 3 个连续的数。我们取 3、4、5 作为圆心角 360° 的除数，得到的角的大小是 120°、90° 和 72°，如左图所示。

图 3.8　等分圆

依此步骤，利用夹角 90°（= 360° /4）的射线可得正方形，夹角 72°（= 360° /5）的射线可得**正五边形**。

3 种特殊的三角形

若再进一步分析，则会出现 3 种特殊的三角形，它们将在后文中被陆续介绍。图 3.9 显示了这 3 种三角形的作图方法，请同学们务必熟练掌握第三个三角形的作图方法。

练习三十六：画出 3 种三角形

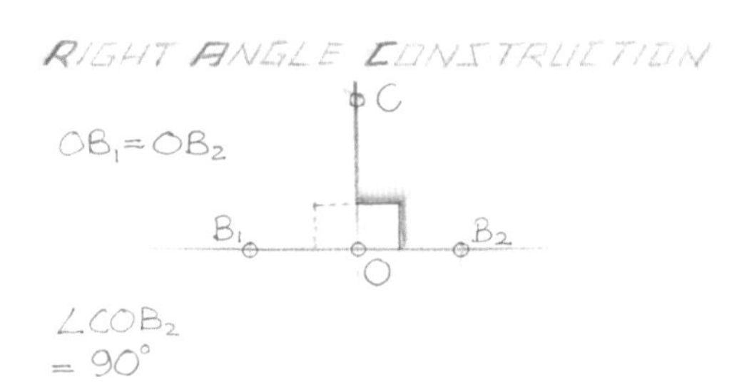

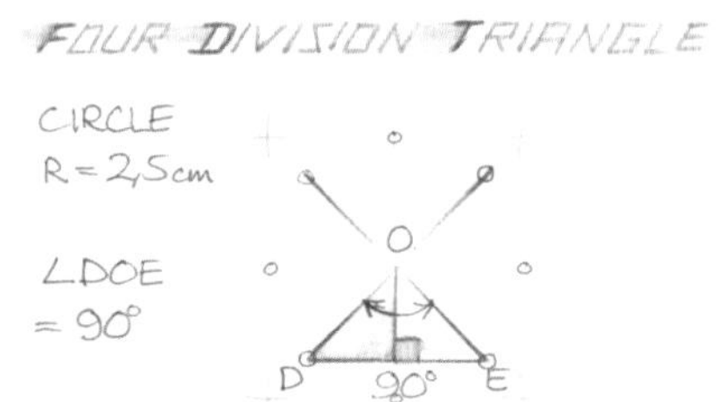

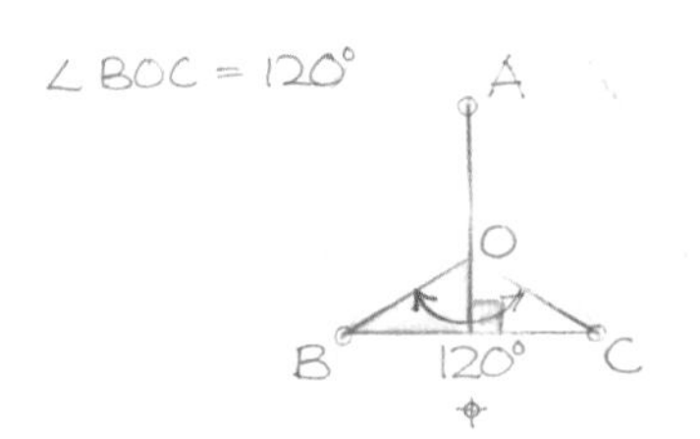

图 3.9 画出直角以及含 120°、90° 和 72° 角的 3 个三角形

练习三十七：画出 3 种正多边形

画出圆内接正三角形、正方形和正五边形，如图 3.10 所示。在此，我们亦可在图中见到前述的 3 种三角形。

立方体折纸

到目前为止，除练习七外的所有练习都是在平面上进行的，立方体折纸将会是第一个有趣的立体模型练习（见图 3.11）。这个折纸方法出自肯地和罗列特编撰的《数学模型》（*Mathematical Models*, 1981），该书涵盖其他多样的折纸方法，是几何折纸书中的优秀作品。

EQUILATERAL TRIANGLE AND SQUARE AND PENTAGON

Equilateral triangle, all sides equal. Square, a regular quadrilateral. Regular pentagon

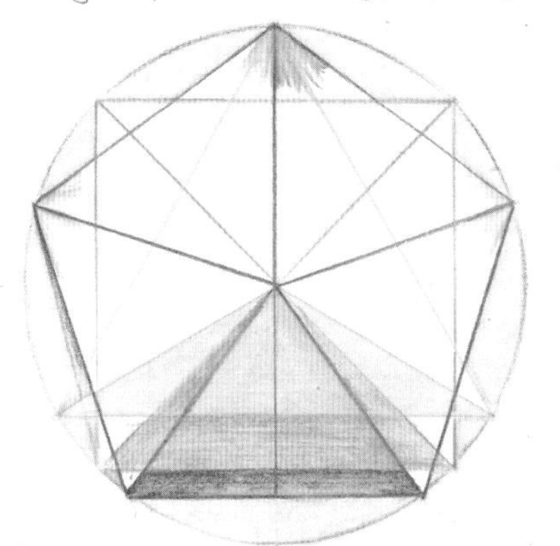

a five sided figure with all sides equal.
The 3,4&5 sided regular shapes shown in the circle are the three forms required to make the five solids first described by Plato. He built the three figures from right angled triangles.

等边三角形、正方形和正五边形（正多边形各边的长都相等）。

柏拉图最早提到5个立方体所需的内接于一个圆的正三角形、正四边形和正五边形。他用许多直角三角形做出了这3个形状。

图 3.10　圆内接正多边形

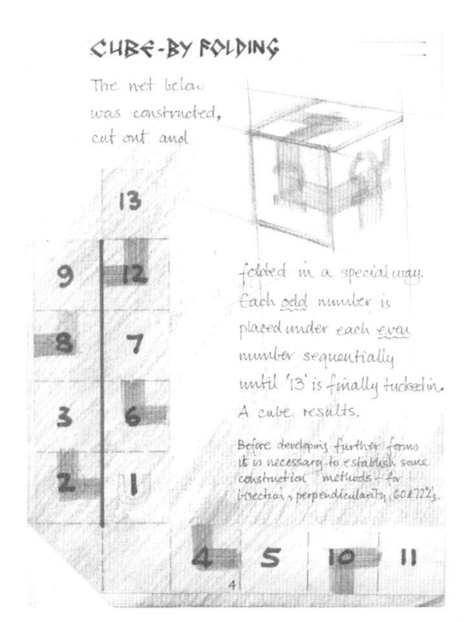

折出正六面体

画好如左图所示的展开图并裁剪好。以特殊的方式进行折叠，依序将奇数面折在偶数面下方，直到把标有13的面折进去，六面体就完成了。

图 3.11　立方体折纸

练习三十八：制作立方体

学生可以采用多种方式来呈现这个立方体折纸。由于所需的 15 个正方形需要**全等**，故此练习也有助于提升学生操作的精度。学生可以随意制作不同尺寸的立方体，但若要营造合作学习的氛围，让每位学生都能贡献力量，最好先商定好某一确定的边长（如 5cm），最后再将全班的作品（如同砖块般）堆砌出城墙或其他令人满意的形式。

3 种三角形的细节

我们知道**任意平面三角形的内角和总是 180°**，在图 3.12 中，便可轻易算得这 3 种三角形的内角角度和。

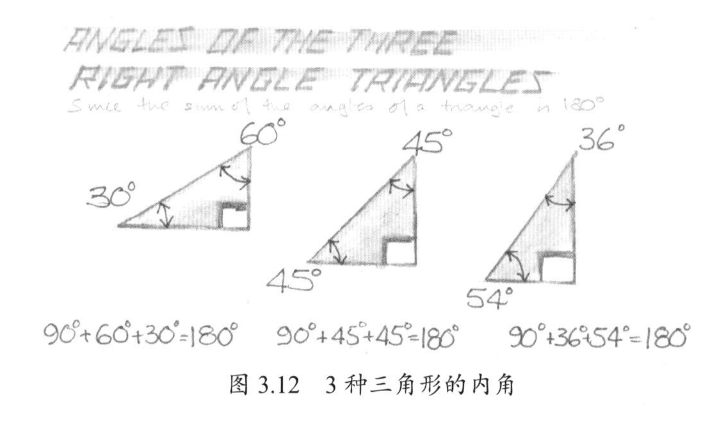

图 3.12　3 种三角形的内角

练习三十九：计算三角形的内角

试求下列三角形的未知角。

① 当三角形已知其中两个内角分别为 90° 和 24°，则第三个角为多少度？ 66°

② 给定三角形的两个角分别为 35.5° 与 64.5°，求最后一个角。 80°

③ 若三角形有两个角皆为 63°，则第三个角为多少度？ 54°

④ 钝角三角形 ABC 已有内角 12° 45′ 和 3° 56′，则最大的角为多少度？ 163° 19′

⑤ 在 AB 边上，已知 $\angle CAB = 100^\circ$　且 $\angle DBA = 110^\circ$　，能否以这些信息造出一个三角形？

可以，延长 CA 和 DB 交于点 E，则三角形 ABE 即为所求。

练习四十：勾股定理

《数学就在你身边》（*Mathematics Around Us*）一书曾探索过勾股定理。若以符号简单表示，此定理如下：

$$a^2 + b^2 = c^2$$

其中，c 是与直角相对的最长边（即斜边），a 和 b 分别是另外两直角边，图 3.13 给出了该公式的实际运用。柏拉图立体和其他多面体的边长、角度、表面积与体积皆须利用此关系式推算。

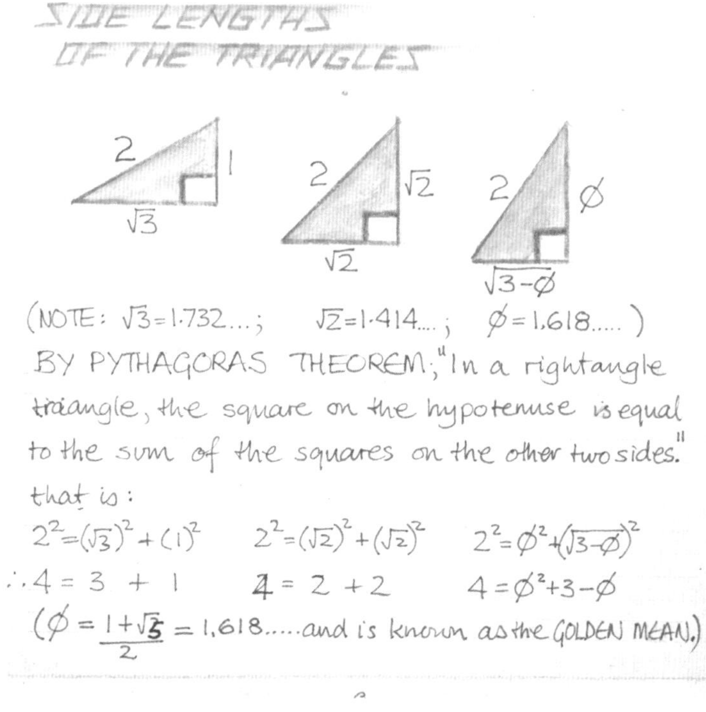

图 3.13　特殊三角形的边长

试利用勾股定理，计算下列直角三角形的边长（画出对应的三角形会很有帮助）。

① 当三角形的一边是 3 个单位长度，另一边是 4 个单位长度，且这两边的夹角为直角时，求其斜边的边长。 5 个单位长度

② 若直角三角形的最长边（即斜边）是 2cm，而最短边是 1cm，计算第三边（精确到小数点后第三位，可求助于小组讨论）。 约 1.732cm

③ 90° 夹角的一边是 13.33 个单位长度，另一边是其 3 倍，则最长边为多少？（给出最接近的整数答案。） 42 个单位长度

④ 一只蚂蚁身长 4mm，它在地面上的影子（垂直于蚂蚁）长 13.5mm。从蚂蚁的头部到影子的顶端有多长？（精确到 0.1mm，在地球上谁会想知道这个答案呢？） 14.1mm

⑤ 三边分别是 5km、13km 和 12km 的三角形是直角三角形吗？如果是，请给出证明。

$5^2+12^2=25+144=169=13^2$，因此它是直角三角形。

碗和马鞍

本节将以另一种相当不同的视角来审视平面图形，这是我二十几年前参考希德里皮·莱思布里奇的研究所发展出来的成果。稍后我们将继续介绍各种简单多变的平面图形，但这些平面图形或曲面图形是如何联系起来的呢？这个问题看似奇特，却引出了其他问题。

如果我们想象要将一种均匀的材料压制成一个厚度适中的圆盘，那么从材料的中心开始加工或从边缘开始加工，结果会有何不同呢？

如果将材料的中心压薄，结果会变成一个**碗**；如果在**边缘**操作，便会出现一个马鞍形，如图 3.14 所示。不难看出，如果材料**不是**可塑性的，则存在一些限制条件，结果就会出现某些特定的形状。想象这种材料是只能在某些转折点或直线上弯曲的刚性材料。莱思布里奇发现这样的图形就是柏拉图立体。如果特定数量的正多边形（正三角形、正方形和正五边形）汇集在一起，便形成特定的柏拉图立体。

想象正六边形是由 6 个正三角形所组成的，当移去两个正三角形时，

剩下的 4 个可以翻折成正八面体的一部分；当移去 3 个正三角形时，剩下的 3 个可以翻折成一个三角锥，即正四面体的一部分；若只移除一个正三角形，则剩下的 5 个可以组成正二十面体的一角。

BOWL FORM

What occurs when we "vary the extension of the perimeter with respect to the centre of a plane form?"

If a flat disc of some plastic material is worked with on the INSIDE so that it is thinned, then gradually a BOWL form developes.

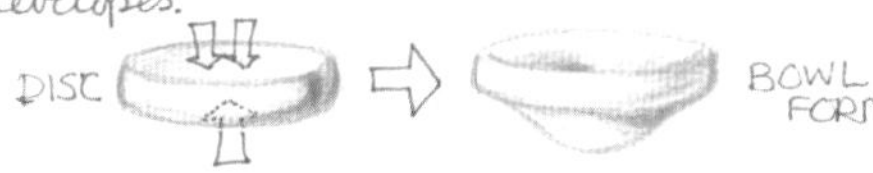

SADDLE FORM

On the other hand, if a similar flat disc of material is worked with on the OUTSIDE then gradually a buckling takes place, the edges crinkle causing a SADDLE form to develop.

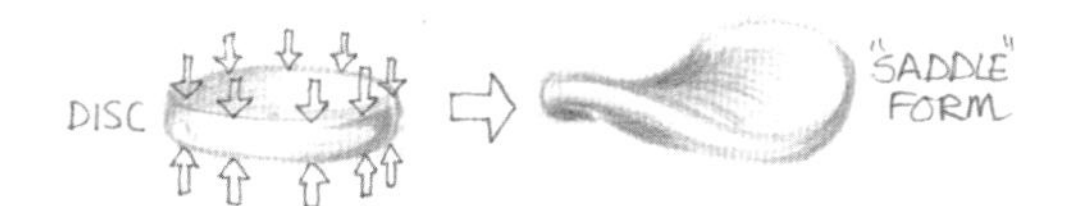

碗形

如果将一个塑料圆盘的中心压薄，它会渐渐变成碗形。

马鞍形

另一方面，如果改变同一个塑料圆盘的外围，它会变得起伏不平，边缘折成马鞍形。

图 3.14　碗和马鞍

有趣的是，当正三角形的个数**增加**到 6 个时，它不能再被折成碗状。若要保留规则的辐射对称，便须增加三角形的数量，图 3.15 显示了增加两个三角形之后的马鞍形结构。当安插更多的面进入平面结构时，便会发生这种屈曲现象。

PLANAR TRIANGLES

Similar events occur when a hexagon of six EQUILATERAL triangles has it's perimeter added to,– or reduced, by a particular number of triangles.

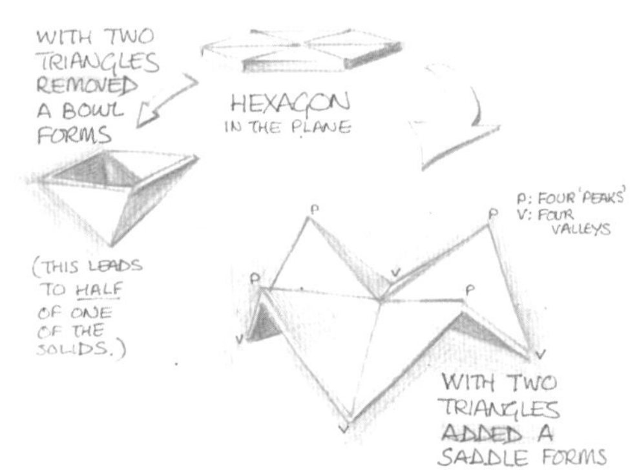

The PLATONIC SOLIDS can be thought of as the bowl forms developed from the REGULAR shapes (equilateral triangle, square and pentagon) when these are brought together so that all edges meet adjacent edges of similar shapes. For example, four equilateral triangles can form a regular TETRAHEDRON, one of the Platonic Solids.

平面三角形

当由6个正三角形构成的正六边形增加或减少若干三角形时，会有类似的情况发生。

平面六边形：移走两个三角形会变成碗形（正八面体的一半）；增加两个三角形会变成马鞍形。

柏拉图立体可以看成由正多边形（正三角形、正方形和正五边形）拼接构成的"碗形"。例如，4个正三角形可以构成一个正四面体，它是柏拉图立体之一。

图 3.15　由规则图形构成的“碗形”

叶面及其孔洞和皱褶

我通过对形态学的研究发现，植物的叶片是最明显也最常见的曲面状对象。叶面通常都相当平整，但是当有更多的东西试图融入叶面的扁平结构时，便会造成叶面屈曲。叶缘有环带、皱褶，甚至有镂空或孔洞的叶片也随处可见，图3.16~图3.18真实地展示了一些布满皱褶、孔洞和内部屈曲的叶片。

在许多植物的叶片上，皆可发现相当一致的屈曲或皱褶，只有少数叶面未被填满——留下缝隙或孔洞。

在众多矿物的结晶中，则常见由平面包覆而成的封闭结构，两面相交成棱，三面相交（即3条棱相交）成角或顶点。如此包折而成的晶体并无屈曲或孔洞，事实上，所有的柏拉图立体皆如此。

图 3.16　澳大利亚当地的山龙眼叶边缘的皱褶

图 3.17　天南星科植物叶子上的孔洞

图 3.18　无果西番莲叶面上的皱褶

中心点与外围

就像柏拉图立体一样，规则多面体上的点、线及面都围绕着一个中心点（即重心）。

这是否意味着它的双重性？这几年来，我们实际上已经使用过这个遥远的平面，它早已被视为一种与规则的形式（如柏拉图立体）有关的绝对平面，它是一种几何的必然性。比如当我们试图画出“类方体”（这是我用来指一个从几何上与立方体的形式结构一致的术语，如图 3.19 所示）的变换时，我们必须使用一个**外在**平面 *ABC* 来作图，且必定有一个**内点**出现，它就变得相当清楚了。

我们发现这种类似矿物的形式总是关联到一个几何**中心点**及其**外围**平面。

图 3.19 平面 *ABC* 和内点之间的类方体

正四面体

紧接着，我们将回到空间中最基本的立体。它不是球体，而是由**最少**数量的点、线及面构成的正多面体——它们可以围成一个封闭图形。这就是众所周知的**正四面体**（见图 3.20）。

几乎不可能有更重要却又如此简单的结构了。它有 4 个点、6 条边和 4 个面（见图 3.21）。若少于这些数量，便无法围成一个封闭的立体图形。四面体中藏有许多未解之谜（参见劳伦斯·爱德华兹的著作），但此处只着眼于它最容易构建的最规则结构。

正四面体是一个立体图形，它的所有面都是等边三角形。利用平面展开图，我们可以制作一个模型，这里给出了一个清楚、简洁的例子。不过，我们也可以强调其顶点（将 4 个网球或足球堆积在一起）或棱。可以用树枝、吸管、榫木等简易搭接，完成这个模型。真的，其中一个顶点（或棱）不会比另一些更重要，它们都是固有的，且是整体不可分割的一部分。

图 3.20　正四面体

所有其他正多面体所需的元素都比正四面体多．从 4 个顶点引出的 4 条垂线相交于金字塔的中心．碳是构成生命体的重要元素，一种由碳元素组成的矿物（即金刚石）为正四面体结构．

图 3.21　正四面体

练习四十一：制作正四面体模型

① 先在卡纸上画一条水平线，间隔 5cm 取 A、B 两点，如图 3.22 所示。

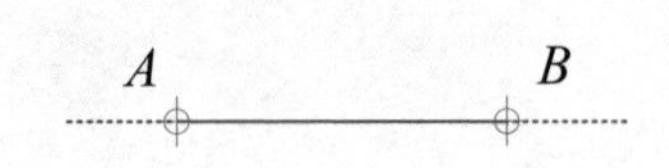

图 3.22　画水平线并在其上取两点

② 分别以点 A 和点 B 为圆心，取半径为 5cm，用圆规画圆。两圆交于点 C 和点 D，如图 3.23 所示。

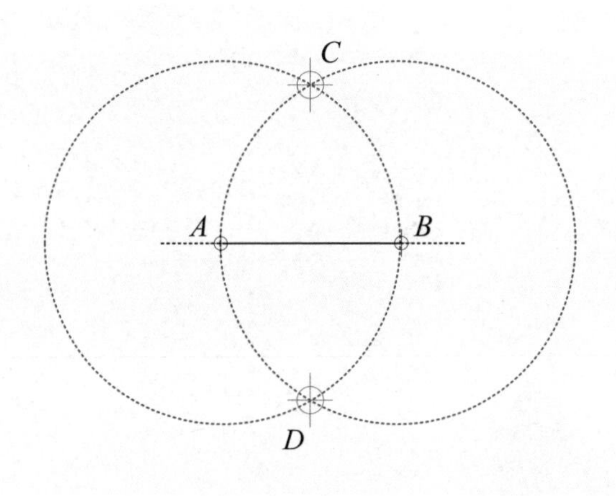

图 3.23　分别以点 A 和点 B 为圆心画圆

③ 连接 AC 与 BC，得正三角形 ABC。

④ 以点 C 为圆心、5cm 为半径，再画一个圆，如图 3.24 所示。圆 C 和另外两个圆分别交于点 E 和点 F。

⑤ 分别连接点 D、C、E，点 E、B、F，点 F、A、D，所形成的 4 个三角形即为所求的正四面体的展开图，如图 3.25 所示。为利于用胶水将展开图粘贴成型，还需预留粘贴边的位置（简称为预留边），不妨引导学生找找哪些位置最适合放预留边。宽度不要太窄（学生制作中的常见问题），若三角形的边长是 5cm，则预留边至少要宽 1cm。

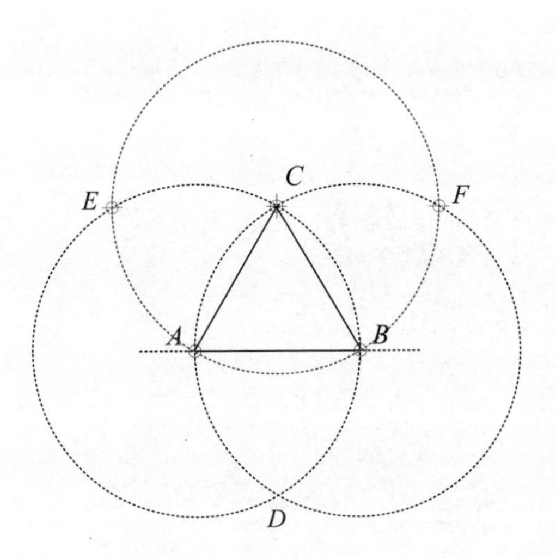

图 3.24　以点 C 为圆心画圆

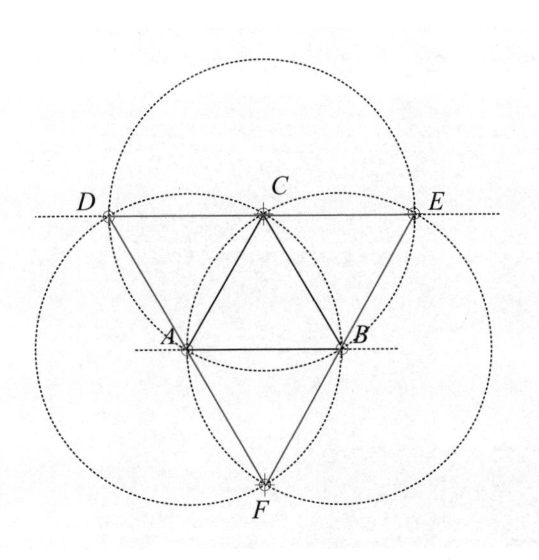

图 3.25　正四面体的展开图

如图 3.26 所示的三角形瓷砖图案，展开图可向各个方向延伸扩展。重要的是，此网格在绘制另外两种柏拉图立体的展开图时会再次用到。卡纸上的折线可以使用剪刀的刀背、钝的美工刀、圆规的尖脚等小心地水平刻画，以利于对卡纸进行翻折。图 3.27 是用细的钢笔尖划的折痕。

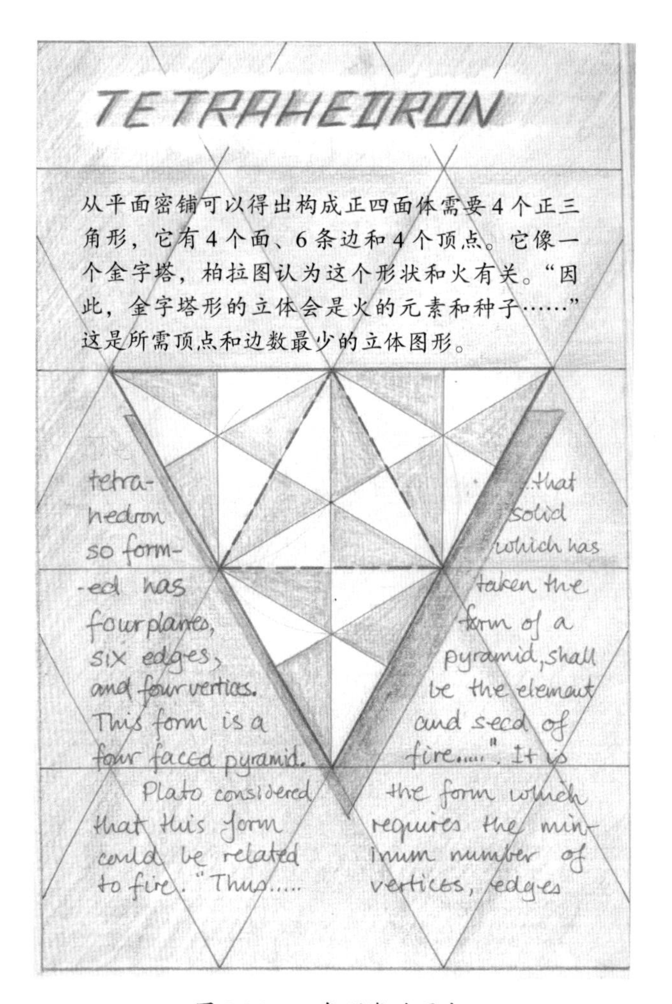

图 3.26　三角形瓷砖图案

图 3.27　用钢笔刻画折痕

正四面体在哪里?

生活中哪里可以看到正四面体呢？处处皆是，只要我们细心观察。化学家和物理学家告诉我们，以一个碳原子为中心，通过分子键向外连接 4 个碳原子的正四面体结构，造就了自然界中最坚硬的物质——钻石。由此观之，正四面体是我们生活中的一个相当基础的形式。

请留意下列数字：

4 个点

6 条棱

4 个面

这是欧拉发现一个重要定理的线索，待后续对其他多面体进行探索后，我们会进一步讨论。

在某种程度上，新石器时代的苏格兰人是否也意识到了这一点？为何在石球上会有这些精致的雕刻（见图 3.28），其形式是一个刻入球体的正四面体？他们是否已经察觉到正四面体的重要性？还是这些精雕细琢的石球

图 3.28　新石器时代石球上的正四面体雕刻

仅仅被当作门挡？我认为不是。

对考古学家而言，这些细致的造型至今仍是一个谜。克里其罗的研究发现，在苏格兰（靠近阿伯丁的地方）有为数众多的柏拉图立体石球。

正八面体

这个立体图形的每个面都是正三角形，不同于正四面体的是，它有 8 个面、6 个顶点和 12 条棱。

在这些点、线和面的个数之间，是否存在规律？答案为是，这是欧拉发现的。他发现任何一个凸多面体的点、线和面的个数之间，皆存在一个简单的数量关系式。看看学生们能否自行发现潜藏在其中的规律。在自然界中，哪里能找到正八面体？

正八面体展开图

正八面体模型仍可强调其顶点或棱的结构特征。不过，在此我们仅介绍其平面展开图的设计制作。既然正八面体和正四面体都是由正三角形构成的，我们只需将制作正四面体展开图所用的平铺网格以特定的方式向外延伸即可。

若能精确辨别哪些三角形会用到，哪里需要放预留边，哪些线条是折痕，则完成展开图并非难事。可以提供给学生一些正三角形网格，让他们尝试从中挑选 8 个适当的三角形来组成一个正八面体，这将是一个小小的挑战。在过关之后，学生们得从头自行绘制正三角形网格，如此一来，学生们不仅对正八面体更加了解，他们的绘图技能也可以同步得到发展。

练习四十二：制作正八面体模型 1

① 利用半径为 5cm 的圆在卡纸上绘制正三角形网格，再按照图 3.29 所示方法绘制展开图。（此练习有助于后续正二十面体展开图的制作。）

② 在适当的位置画出预留边，为避免重复，需要花点心思。

③ 沿虚线刻画折痕（包含连接预留边的折线，在图 3.29 中未显示）。

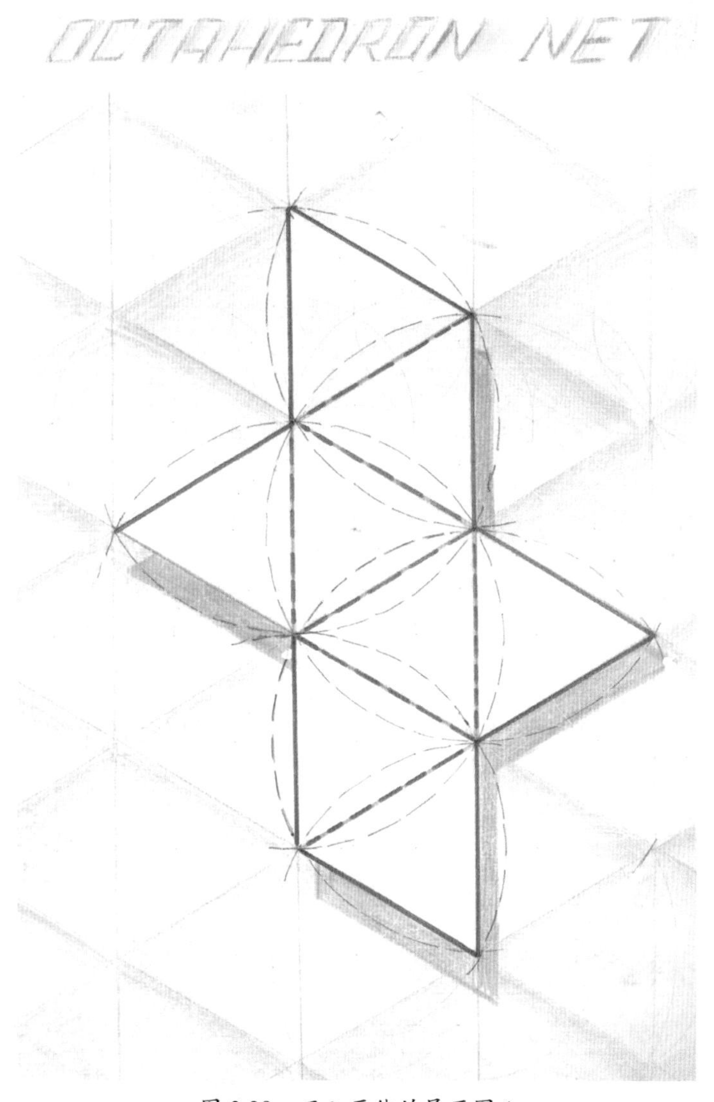

图 3.29　正八面体的展开图 1

④ 剪下展开图（注意预留边不要剪去）。

⑤ 沿折痕进行翻折。

⑥ 在预留边抹上胶水，并与邻近的三角形进行粘贴。有时，最后一个预留边会不容易粘住，在等待胶水变干的过程中，可辅以数片小胶带或类似的定型物，最后再小心地取下。

练习四十三：制作正八面体模型 2

图 3.30 的折法源自肯地和罗列特，也是由正三角形网格绘制而成的，只是更加复杂。

剪下黄色区域，并剪开正六边形中标有 O 和 U 的两个三角形的公共边，让 O 在上层，U 在下层，依折痕开始翻折三角形，收尾时无须涂抹胶水。

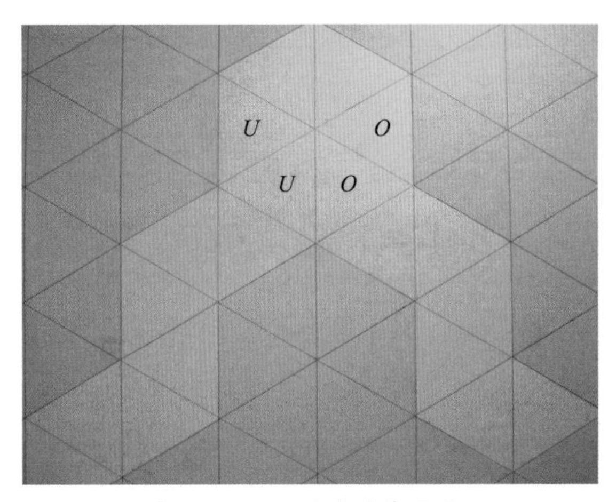

图 3.30 正八面体的展开图 2

将最后一片三角形巧妙地插入夹缝中，完成立体模型。要弄懂这个折法颇具挑战性，试试看！

正八面体实例

萤石可裂解成正八面体，如图 3.31 所示；在黄铁矿的结晶中，亦可发现正八面体。（译注：黄铁矿又称愚人金，其晶体结构有正六面体、正八面体与正十二面体等多种变化，其中以正六面体结晶较为普遍。）

图 3.31 裂解的萤石

即使是在有机生物界，正八面体亦出现在极微小的放射虫的钙质骨架中，详见海克尔约于 1900 年完成的名著《自然界的艺术形态》（*Art Forms in Nature*）。柏拉图在《蒂迈欧篇》中也有关于正八面体的描述，如图 3.32 所示。从图 3.33 可以看出正八面体是如何由小立方体堆叠而成的。图中有几个小立方体？［译注：若含内部的实心组成，则小立方体积木共有 63 个，其逐层推算的规律可归纳为 (0+1)×2+(1+4)×2+(4+9)×2+(9+16)。］

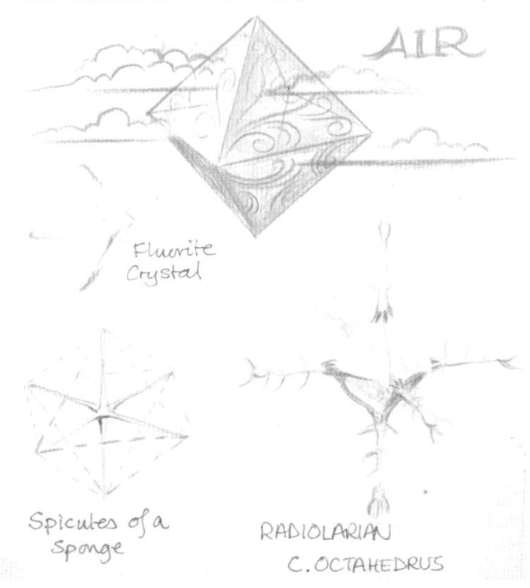

柏拉图认为正八面体代表空气。它由 8 个正三角形构成，可见于许多结晶中，如氟石和黄铁矿。左图为氟石晶体、海绵的针状结构以及呈正八面体形状的放射虫。

图 3.32　正八面体：柏拉图术语中的“气”之形式

图 3.33　由小立方体堆叠而成的正八面体

既然正八面体可以通过同样大小的小立方体进行构造，便暗示了这两种立体图形之间有更深层的关联。由此，我们可以建立立方体模型，进一步探索这个形式本身，以及从一种形式到另一种形式的可能变换。

正六面体（立方体）

正六面体与正八面体密切相关，故紧随其后登场。六边形有 6 条边，而六面体有 6 个面。柏拉图立体的命名方式是如此有趣，人们依据面的数量来命名，而非点或边的数量。对立体图形而言，后两者当然也同样重要，只是不太明显。正六面体有 8 个顶点，而不是 6 个，且其顶点也通常未如面一般被强调。其实，只要清楚地知道要讨论的立体的特点，那些都无关紧要，毕竟这种命名法则只是约定俗成的习惯。点和线或许会抱怨受到不公平的待遇……而我们看待事物也常常无法面面俱到，总会有顾此失彼的问题。

正六面体与正八面体之间究竟有何关联呢？它们互为对偶正多面体，可以互相变换，且其点、线和面的数量可以说是同中有异，请参阅表 3.1。

表 3.1 正八面体和正六面体的比较

	面	棱	顶点
正八面体	8	12	6
正六面体（立方体）	6	12	8

表中数据正显示了两个立体图形之间的密切关系，这在几何结构上亦是显而易见的，因此，我们最好先做个正六面体模型。

正六面体展开图

正六面体的展开图有许多种，以下仅呈现其中一种。正六面体的每个面都是正方形，整张卡纸需画上以正方形平铺的网格。（译注：若排除旋转或翻转之后的差异，则正六面体共有 11 种不同的展开图。）

练习四十四：制作正六面体模型

如图 3.34 所示，画出正六面体的展开图并进行制作。展开图还有其他样式，图 3.35 展示的十字架形展开图是其中一个。

图 3.34　正六面体的展开图之一

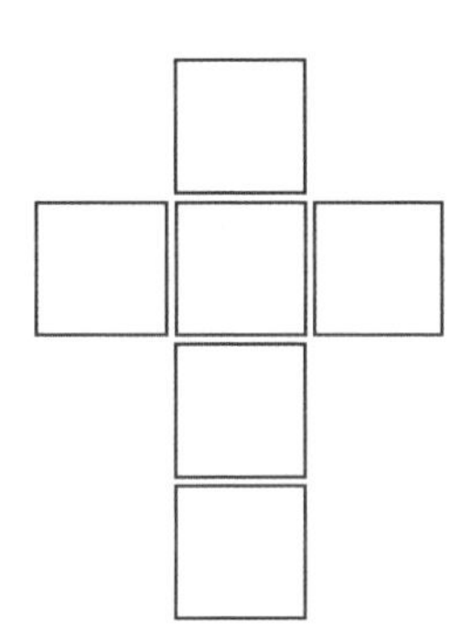
图 3.35　十字架形的正六面体展开图

① 先在卡纸上画一条水平线，并在线上标注相距 6cm 的 A、B 两点，如图 3.36 所示。

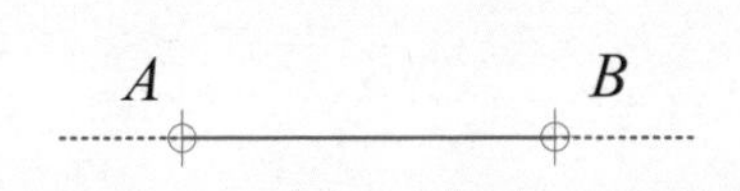

图 3.36　画水平线并在线上标注两点

② 如图 3.37 所示，分别以 A 和 B 为圆心画弧，两弧相交于点 C 和点 D，此为直角作图法之一。连接 C、D 两点，则直线 CD 与水平线 AB 垂直。

③ 以 AB 与 CD 的交点为圆心，以 $AB/2$ 长为半径，用圆规画圆。圆与 CD 交于点 E 和点 F。

④ 连接 AE、EB、BF 与 FA，得一正方形。

⑤ 向右下方延长 EB 和 AF，向左下方延长 BF。

⑥ 如图 3.37 所示，以点 F 为圆心、BF 长为半径画弧，交 BF 的延长线

于一点。依此分别在 AF 和 EB 的延长线上取点。作图至此，应知如何继续往下画展开图，直到画完 6 个正方形为止。

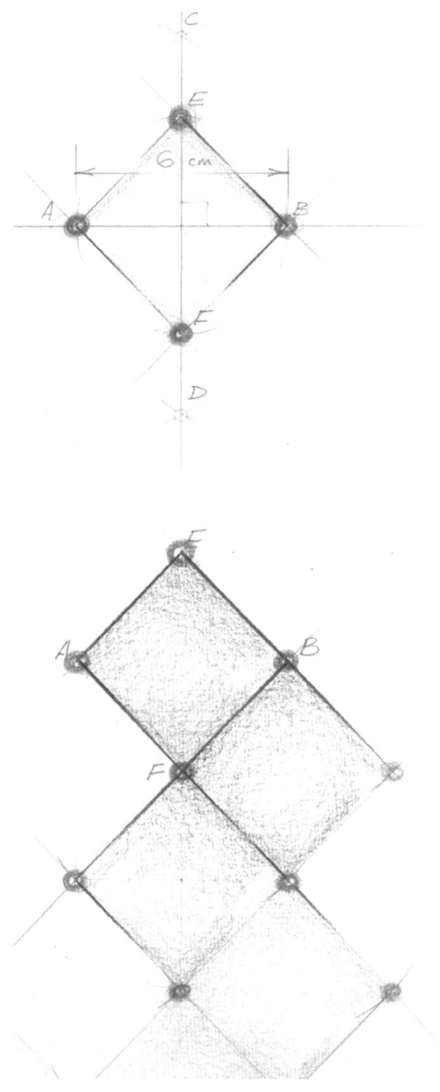

图 3.37 画正六面体的展开图

由于每次延长直线都会造成误差，故本作法的精度会越来越低。想一想有无其他更精确的作图法。例如，从一个足够大的正方形开始不断地细分。

⑦ 画出至少 1cm 宽的预留边。

⑧ 沿着所有折线刻画折痕。

⑨ 剪下展开图。

⑩ 涂抹胶水并进行粘贴。

正六面体实例

正六面体与长方体存在于自然界中，在黄铁矿、盐和方铅矿（铅石）的结晶中，可以找到接近正六面体的结构，以及彼此垂直的平面。有时候，这些结晶的结构是如此精致，以至于很难让人相信它们真的是浑然天成，未经过人工精雕细琢的。我收藏的一个完美的黄铁矿结晶（见图 3.38）就常常被误以为是精工艺品。

若将图 3.38 的两张照片放在**至少一臂长**之外观察，同时调整视线焦点，使两个红点的视像重合，则原本在平面上的晶体照片将一跃变成 3D 图像。此立体观察法的成效极佳，值得反复练习。

图 3.38　黄铁矿结晶

正六面体不仅是正八面体的对偶正多面体，而且 **5 个**正六面体还可外接一个正十二面体，一个正六面体还可内接**两个**正四面体。图 3.39 显示了一个正四面体在正六面体之内。

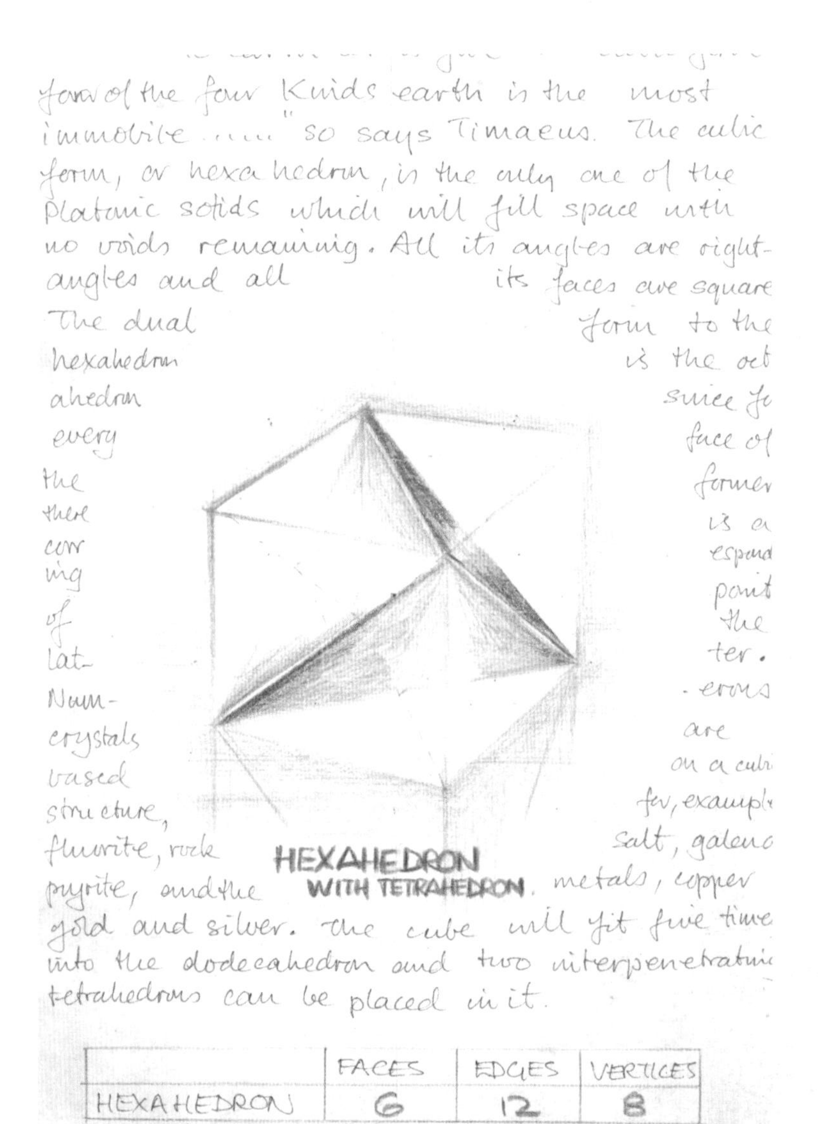

"让我们把正六面体指定给土，因为在4种元素中，土是最不活跃的，又是最富有黏性的……"《蒂迈欧篇》如是说。在柏拉图立体里，正六面体是唯一一个可以填满空间不留空隙的图形。它所有的角都是直角，所有的面都是正方形。和正六面体对偶的形式是正八面体，因为对前者的每一个面而言，后者都有一个点与之对应。许多结晶体都是以正六面体结构为基础的，例如萤石、盐、方铅矿、黄铁矿，以及铜、金和银等金属。5个正六面体可以嵌入一个正十二面体中，一个正六面体里面可以嵌入两个穿插的正四面体。

图 3.39　正六面体

制作正六面体模型是玻璃工艺课的练习之一，图 3.40 是多年前一位学生展示正六面体结构之美的优秀作品。

图 3.40　学生哈丽雅特制作的正六面体玻璃模型

正六面体和正八面体

正六面体与正八面体互为对偶多面体，图 3.41 是以等角投影的方法绘制的。这是一种以一点为中心，将 3 个视点拉到无穷远处，让彼此的视线夹角为 120°，而各视线上所有距离的比例大小仍保持相等的绘图方法。这种图示也被称为等角视图。[译注：本书所指的“等角投影”即在绘画构图中，将 3 个方向的消失点（或隐藏点）同时拉到无穷远处，故图 3.41 所示的正六面体三轴方向的棱边仍分别保持两两平行的关系。]

图 3.41 正六面体与正八面体对偶的模型

这两种形式之间还有另外一种关系，同样也是一种有趣的模型，请自行探索。

正二十面体与正十二面体

这两种立体图形也密切相关，图 3.42 和图 3.43 分别是正十二面体和正二十面体的骨架构图。

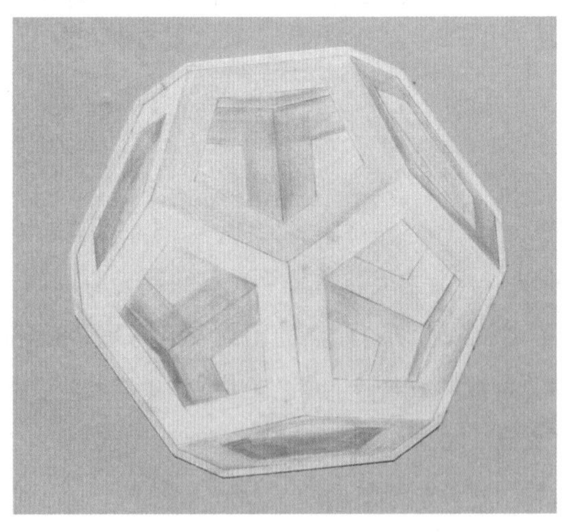

图 3.42 正十二面体

图 3.43　正二十面体

• 数一数图 3.42 的面是 12 个吗?

• 数一数角或顶点有多少个呢?

• 确认棱的数量。

(使用模型数会比只从图中观察更容易!)

• 数一数图 3.43 中的立体有多少个面，其结果与正十二面体的哪一个数据相等?

• 数一数角或顶点的个数。

• 最后，检查棱（或线段）的总数。

现在比较这两种立体的棱、面和顶点的个数（见表 3.2），你发现了什么?

表 3.2　正二十面体和正十二面体的比较

	面	棱	顶点
正二十面体	20	30	12
正十二面体	12	30	20

若你还没有想到欧拉法则，这里简单给点提示：有个东西加上别的东

西，会等于另一个东西加 2，但这些“东西”是什么呢？

面数（平面）+ 顶点数（点）= 棱数（线）+ 2

空间中的任何结构，即使是最简单的立体也藏有不少秘密，值得我们深入研究。这些图形的概念虽然需要透过物理模型或绘图来确认，但并不依赖于它们。

透过绘图，人人皆有可能发现这些概念，然而，这并不意味着这些想法或观念是先例。它们已经存在很长一段时间了，肯定长到足以让柏拉图认真思索并赋予它们意义。或许苏格兰北部新石器时代的原始人像古埃及人一样，把正十二面体当作骰子，而我们至今仍旧使用这些骰子（见图 3.44）来玩游戏呢！

图 3.44　游戏用的骰子（可能是《龙与地下城》桌游中的）

正二十面体展开图

如图 3.45 所示，在卡纸上画好以正三角形平铺的网格，即可制作正二十面体模型。

图 3.45　正二十面体展开图

练习四十五：正二十面体

以下说明适用于图 3.46。

① 画出正三角形网格。

② 创意美化！

③ 绘制预留边（黄色）。

④ 沿虚线（红色）刻画折痕。

⑤ 按粗的轮廓线（深绿色）进行裁剪。

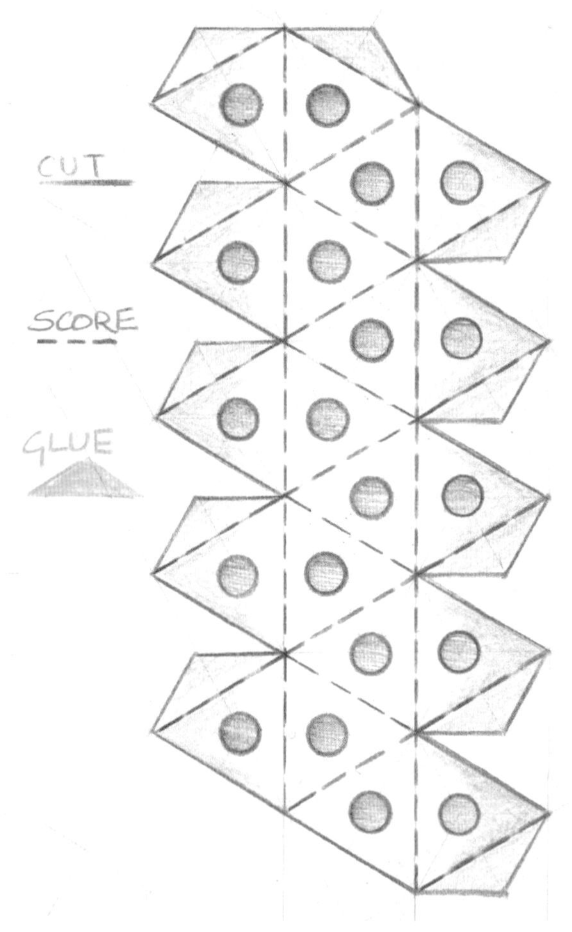

图 3.46　正二十面体展开图（含美化设计、预留边、虚线折痕和粗的轮廓裁切线）

⑥ 翻折成正二十面体。

⑦ 每次挑选一两个适当的预留边上胶，在等待黏胶晾干时，辅以一小片胶带轻轻地粘贴，定型后再小心地取下胶带。

⑧ 完成并展示模型。

这是利用最多个正三角形所组装成的凸（封闭的）多边形，其上每 5 个三角形共顶点。不难看出，这是正三角形数量最多的组合，因为如果增加到 6 个，则这 6 个正三角形将展成一个平面。

新石器时代的苏格兰人制作的石球结构也可被诠释成这种形式。柏拉图关于正二十面体的说明如图 3.47 所示。

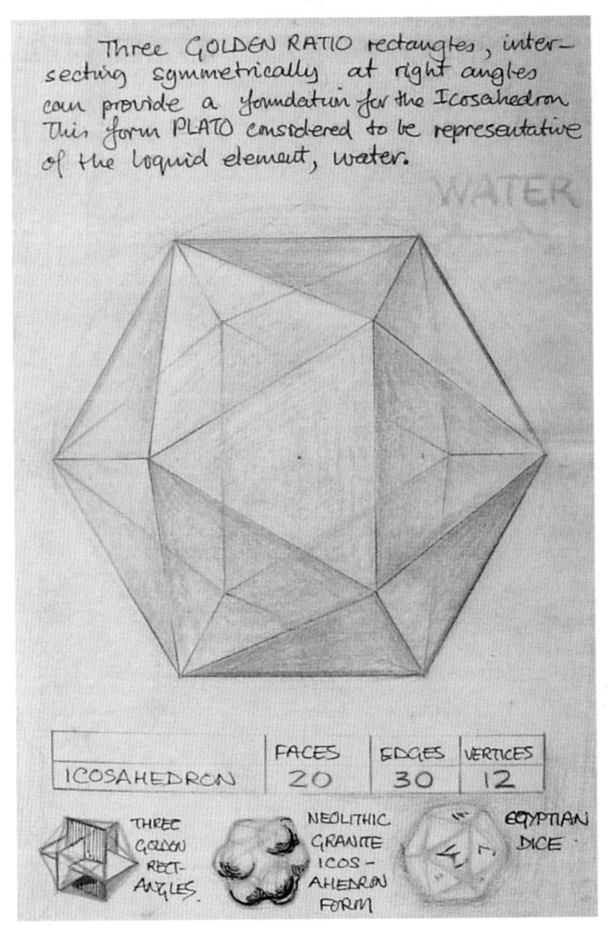

3 个黄金矩形直角对称横切，可以作为正二十面体的骨架，柏拉图认为它代表水元素。

图 3.47　正二十面体

正二十面体的黄金分割结构

正二十面体有一个核心结构，这也是很有意义的一个特点。若将 3 个全等的黄金矩形（见图 3.48）彼此互相垂直组装，则其顶点即可构造出正二十面体上由正三角形汇集而成的角。

图 3.48　3 片呈黄金矩形的夹板

黄金矩形两条边的边长成黄金比例，其边长比近似于 1 ： 1.618…，或精确表示为 1 ： $(1+\sqrt{5})/2$。

练习四十六：黄金矩形作图

以下是我所知的最简单的黄金矩形作图方法。

① 先作正方形（红色框，如图 3.49 所示）。

② 将正方形最左的边二等分。

③ 以正方形最左的边上的中点为圆心，以该点与对角之距离为半径，向左上角的延长线方向画弧。

④ 圆弧与左上角的延长线交于一点，即得黄金矩形之长边（见图 3.49）。

⑤ 完成黄金矩形。

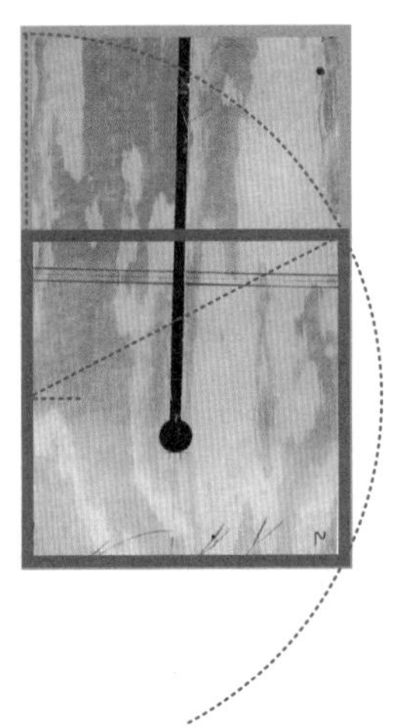

图 3.49　画圆弧

⑥ 找出矩形（对角线）的中心点，然后在向上和向下半个短边长的位置处作标记，即得夹缝的端点。

⑦ 裁切夹缝。将 3 片夹板按如图 3.50 所示的形式进行穿插，形成正二十面体的骨架。

图 3.50　3 片夹板交错穿插而成的正二十面体骨架

如图 3.51 所示，用虚线连接骨架上的顶点，即可看出一个正二十面体。

图 3.51　连接正二十面体骨架的各个顶点

利用勾股定理可证明上述比例为黄金比例。若正方形的边长为 1 个单位长度，则矩形之长边近似于 1.618 033 9…个单位长度。证明过程虽然有点难，但这会是一个很好的延伸作业。[译注：若将步骤①中正方形的边长设为 1 个单位长度，则步骤③所得的半径即为 $\sqrt{5}/2$ 个单位长度，再根据步骤②和步骤④，得矩形的长边为 $(1+\sqrt{5})/2$ 个单位长度，故作图所得矩形的长宽比符合黄金比例。]

正十二面体

正二十面体的伴随结构形式是正十二面体，这是最后一个，也是最有趣的柏拉图立体。柏拉图曾描述其特征说："此外，还有第五种复合而成的立体，被神用来界定宇宙的轮廓，同时使用的还有生物的形状。"（译注：《柏拉图全集》第三卷，王晓朝译，人民出版社，2003。）

正十二面体也是正二十面体的对偶正多面体，如图 3.52 所示，请从图中找出这两种立体好好观察。

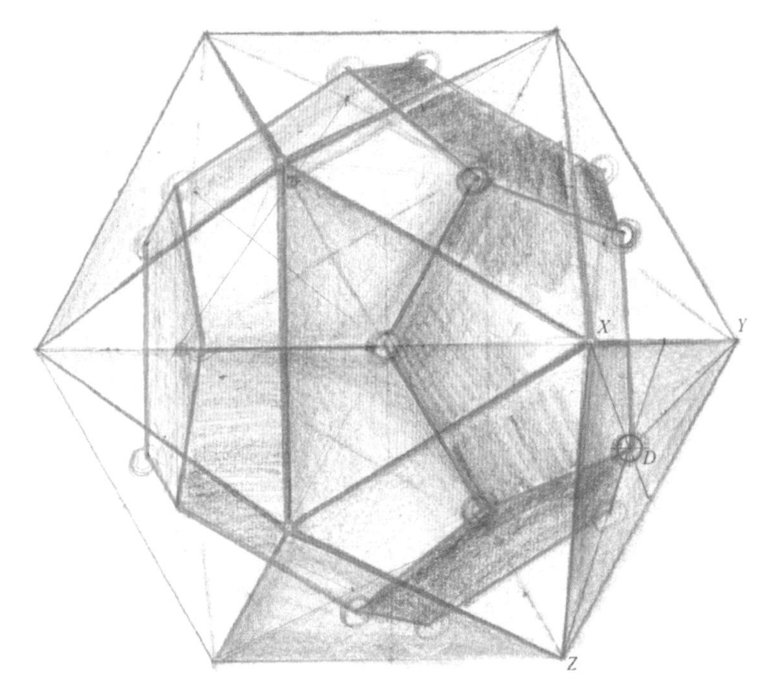

图 3.52 对偶正多面体

看看“绿色”，可察觉正二十面体；注意“紫红色”，会跳出正十二面体。如果用线段连接所有正二十面体中相邻三角形的中心点，会出现一系列的正五边形的面，进而得出一个正十二面体。若用线段连接这些新的正五边形面的中心点，则会得出一个正二十面体。如此交替进行，一系列的正二十面体与正十二面体将会永无止境地往中心点逼近。多年前在阅读《新科学家》（*New Scientist*）时，有位作者阐明**螺旋**与**正十二面体**是自然界中最常被发现的两种结构。令人惊讶的是，某些很小的病毒的基本结构也是这些立体形式。

此外，若是往外交互扩充这两种越来越大的正多面体，便可直达宇宙最遥远的地方。近期，在《自然》中有篇文章报道称：根据对卫星观测收集的背景辐射数据的分析，整个宇宙空间好像真的就是正十二面体。想象一下我阅读这篇文章时的雀跃心情，就某种意义而言，柏拉图一直以来都是对的吗？也许是吧！然而，这些想法又后继无人。

再谈黄金矩形

我们再次观察这 3 个黄金矩形，每个正五边形面的中心点都会接触矩形的一个角，因此，每个矩形都有 4 个正五边形与之对应。而矩形有 3 个，$4 \times 3=12$，因此，该立体图形有 12 个面，不是吗？

正十二面体展开图

这次我们无法轻易地平铺网格。事实上，要用正五边形来平铺平面，根本不可能不留下任何空隙，或没有任何重叠。

我选择使用的是一个单一的正五边形被其他全等的正五边形所环绕的网格，如图 3.53 所示。

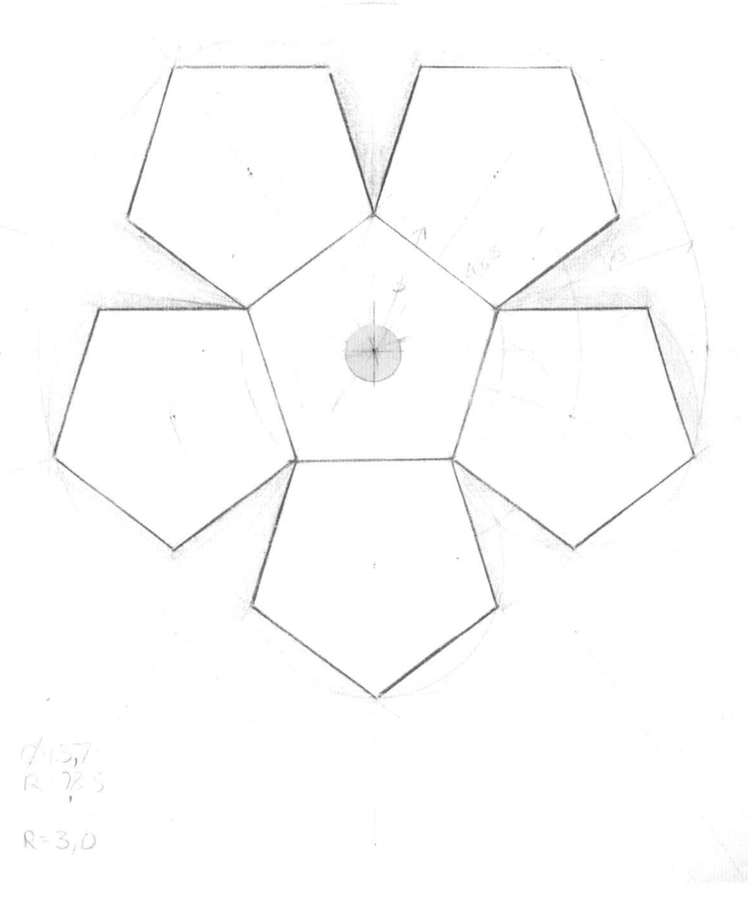

图 3.53　正十二面体展开图（只显示了其中一半）

练习四十七：制作正十二面体模型

由于正十二面体的制作过程与正二十面体十分相似，故此处不再赘述。要稍加留意粘贴边的设计。为了最后立体图形的定型，可先将 6 个正五边形包覆成“碗”状，待黏胶完全晾干后，再将另外 6 个正五边形逐一“编织”进来。最后一面可能会很棘手，但完成后一定是一个非常令人满意的模型。

这个方法的关键在于能够精确地绘制正五边形，做法如下。在认识其与黄金分割或黄金矩形的关系时，我们将再次描述。

练习四十八：正五边形作图

参照图 3.54 ~ 图 3.56，绘制正五边形，简要的作图步骤如下。

① 画一个圆（红色）。

② 画一个正方形（咖啡色）。

③ 找出正方形最右的边的中点（双箭头处）。

④ 以正方形最右边的中点（红点处）为圆心，以圆心与左上角之距离为半径画圆，交正方形最右的边向上的延长线于一点（图 3.55 中白色箭头所指之处）。

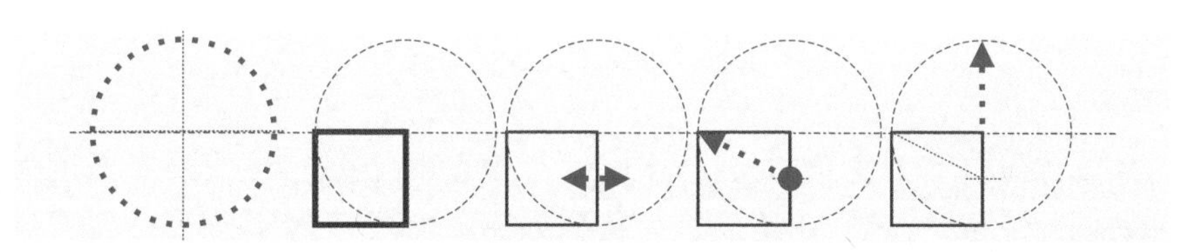

图 3.54　绘制正五边形步骤 1

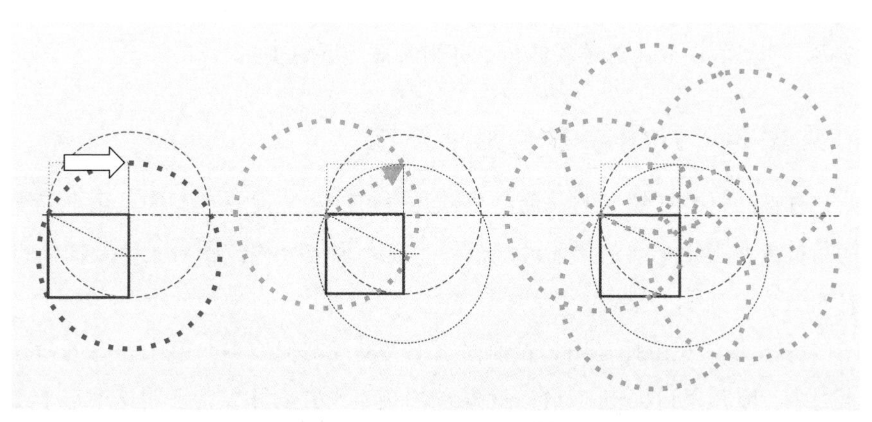

图 3.55　绘制正五边形步骤 2

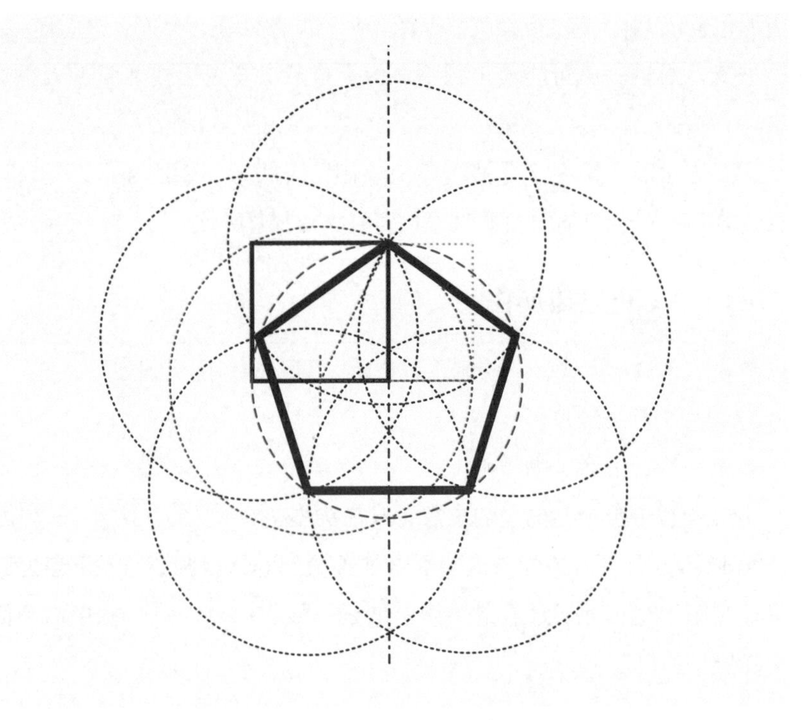

图 3.56　绘制正五边形步骤 3

⑤ 以正方形左上角的顶点为圆心，以该点距白色箭头标记处的长度为半径画圆（蓝色）。

⑥ 再分别以蓝色圆与第一个红色圆的交点为圆心，继续画出另外 4 个等圆，第一个红色圆与两个蓝色圆的交点即为五边形的顶点。连接这 5 个交点，所得的正五边形（深蓝色）即为所求（见图 3.56）。

欧几里得《几何原本》第十三卷

有趣的是，在伟大的几何学家欧几里得的《几何原本》中，正十二面体是被放在第十三卷的最后介绍的一个正多面体。柏拉图对正十二面体也有如图 3.57 所示的描述。

1926 年，在由托马斯 · 希斯爵士编著的《几何原本》第十三卷的命题十七中，欧几里得提出："作一个球的内接正十二面体，并证明这个正十二面体的边长是被称作余线的无理线段。"（译注：在《几何原本》中，把长度为$\sqrt{a}-\sqrt{b}$的线称为余线，其中 a、b 均为正有理数，且不能同为完全平方数。参见《欧几里得几何原本》，蓝纪正、朱恩宽译，陕西科学技术出版社，2003。）

Euclids Thirteenth Book of the Elements
culminates in the DODECAHEDRON. This form
could be seen as an end point to
Ancient Greek Geometry. Three Golden
rectangles at right angles to each other
will touch all twelve faces at their
centres. Five cubes fit into it, and five
tetrahedrons likewise. Its
dual form is the icos-
ahedron. When it

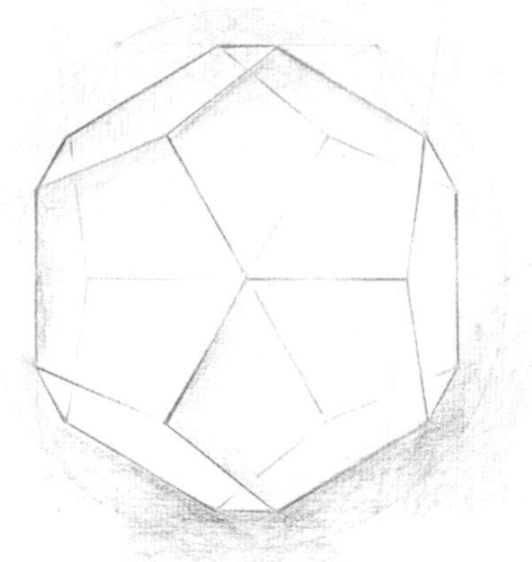

is turn- -ed inside
out a hexagon outline
appears. The TIMAEUS
description is "... the fifth, God used it up
for the universe in his decoration thereof..."
so that it might be said to span the entire
Zodiac, and it is then the element of the UNIVERSE.

	FACES	EDGES	VERTICES
DODECAHEDRON	12	30	20

欧几里得在《几何原本》第十三卷的结尾有谈到正十二面体，它可以说是古希腊几何学的终点。正十二面体是正二十面体的对偶形式。《蒂迈欧篇》说它是“第五种复合而成的立体，被神用来界定宇宙的轮廓……”，因此，整个黄道十二宫被认为是正十二面体结构。

图 3.57　正十二面体结构

这个作图须花费数页的篇幅。在罗伯特·劳勒的著作《神圣几何学》（*Sacred Geometry*）中，已有很好的描述。在本书中，熟悉这些形式本身，并有能力制作模型已经足够，至于推导细节，则留待高中课程探讨。

2300 多年以来，一直有很多思想学派对正十二面体这样的形式感到好奇。当初这些研究的兴趣到底是从何而来，我们很难得知。不过现代的研究发现，认真审视这些立体图形的确有其必要性，因为多面体的踪迹已遍及病毒的结构（微生物）、巴克球（一种益智玩具）、巴克敏斯特·富勒的圆顶苍穹设计（建筑物），乃至宇宙本身的形状（巨型空间）。

欧拉法则

欧拉法则通常被写成 $F + V = E + 2$ 的形式，在多面体中，如果将面数与顶点数相加，其和等于棱的个数再加 2。欧拉证明了该法则不仅在规则的立体图形（如正多面体）上成立，同时也适用于其他不规则的凸多面体。

本书将之改写为：

$$F - E + V = 2$$

练习四十九：凸多面体的欧拉法则

① 检验欧拉法则是否对所有柏拉图立体都为真，完成表 3.3。

表 3.3　检验欧拉法则

	面数（F）	棱数（E）	顶点数（V）	$F - E + V$
正四面体	4	6	4	
正八面体	8	12	6	
正六面体	6	12	8	
正二十面体	20	30	12	
正十二面体	12	30	20	

② 检验欧拉法则是否适用于图 3.58 和图 3.59 所示的不规则立体。

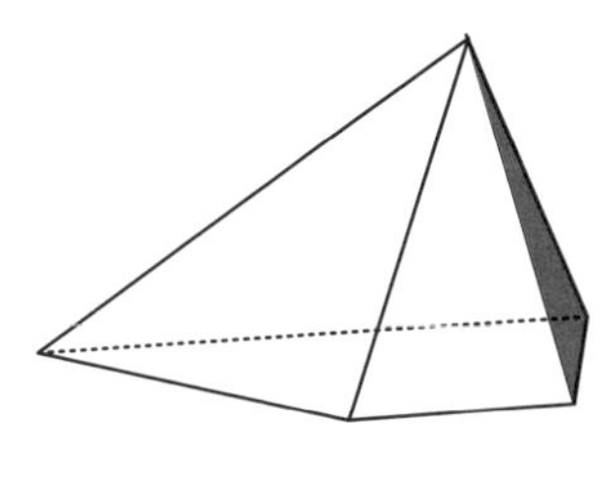

是 / 否　　是

图 3.58　不规则立体 1

是 / 否　　是

图 3.59　不规则立体 2

[译注：图 3.59 虽是凹多面体，但其点 (24)、线 (36) 和面 (14) 的数量仍适用于欧拉法则，读者不妨亲自数数看。]

学生作品

学生经常会制作出美轮美奂的作品。下面展示的是 2005 年时，由斯坦纳学校的陆丝潘老师带领的八年级学生所制作的几套柏拉图立体模型（见图 3.60~ 图 3.62）。

图 3.60　班级作品 1

图 3.61　班级作品 2

图 3.62　班级作品 3

第 4 章　节奏与周期

旋转、节奏与周期

生活中的很多事物都有着某种节奏，好比日出日落，种子开花结果。鲁道夫·斯坦纳曾提到：“理解大自然的节奏，才能理解真正的自然科学。”这对教师（及科学家）是一种巨大的挑战，本书可以帮助心情与激素起伏震荡的学生更好地面对改变。

时间

所谓时间，就是万物皆有时（见图 4.1），它就像一幅双面的图画，包含了我们世界中有变化的内容。这种两面性表达了大自然具有双重性的特质。图 4.2 是学生关于节奏与周期的抽象表达。

我们现在要关注的不仅是性质截然不同的两个极端，还有两者之间的交替节奏。这种节奏往往是固定的，为两个极端的交替增添了规律性。就像是夜晚与白天交替，或是睡觉与清醒交替。举例来说，春分（或秋分）是渐渐走向季节属性极端的夏至（或冬至）的特殊时刻。

人类生存也存在同样的周期。我们吸气与呼气，从广阔的自然界中吸入，从自己的体内呼出。在这两者之间，有吸入与呼出的动作。节奏与周期是贯穿本章的主题：四季的轮回，反映了宏观世界的节奏；呼吸的循环，反映了微观世界的节奏。

一个简单的空间起源可以形成**圆周**；而一个时间的开端，则可以形成不间断的**旋转**。

Some Human Rhythms.

* Rhythm of Heart ~ about 72 beats per minute
* Rhythm of the breath
* Death and growth of cells
* Cycle of digestion ~ on average a 24 hour rhythm
* Sleeping and Waking.

Some Cosmic Rhythms.

* Earths daily rhythm - night and day, 24hours
* Seasonal rhythms - Winter, Spring, Summer, Autumn
* Tidal rhythms - approx 12 hourly
* Moons monthly cycle ~ about 28 days
* Suns rotation 26.8 days at its equator but 31.8 days at poles.
* Sunspot cycle - these are about every 11 years.

若干人体的节奏.

· 心跳的节奏，每分钟72次.

· 呼吸的节奏.

· 细胞更新的节奏.

· 消化的节奏，平均为24h.

· 睡眠和清醒的节奏.

若干宇宙的节奏.

· 地球每天的节奏，黑夜和白昼，24h.

· 季节的节奏，春夏秋冬.

· 潮汐的节奏，大约为12h.

· 太阳黑子的节奏，大约为11年.

· 太阳转动的节奏，赤道处约为26.8天，两极处约为31.8天.

· 月球公转和自转的节奏，大约为28天.

图 4.1　人体和宇宙中的若干节奏

图 4.2　学生作品：生命和时间的节奏与周期

轮子

轮子（见图 4.3）周而复始地旋转，这就是它需要做的事。如果卡车的轮子在每一个旋转周期中做了些不一样的事，那我们就会有些紧张了。在相同的活动中，我们期待一种固定的重复性。或许，这就是一种我们所能想象到的最简单的周期性活动。我们讨论轮子的**转速**，其每一刻的转速或周期都是相同的。

图 4.3　平板车轮子的模型

只要轮子的转动有那么一点卡滞，就会立即被注意到，吱吱作响的轮子可能要上油了。我记得年少时，脚踏车的轮子突然卡住了，我整个人便直接向前冲了出去，飞过把手。有个我认识的人，在骑车时前轮卡到树枝，车子猛然停下，他随即被抛了出去。所以，轮子能如预期地持续运转，真的很重要。这类循环通常是一致的：重复，甚至无聊，但是我们依赖它们。

在我们的太阳系以及很多生命系统中还有许多周期性现象，会发生各种各样的事情，我们稍后将进行探索。那么，圆和循环有什么关系呢？

圆

来看看圆的直径与周长的关系。我们所知道的圆周率 π 其实还有很多谜团。

圆周率有许多地方值得探索，甚至被写成了书，例如由波萨门提尔与利门合著的《世界上最神秘的数》(*A Biography of the World's Most Mysterious Number*)，以及由布拉特纳所著的《神奇的 π》(*The Joy of π*)。

圆，我们是如何发现其半径、直径、周长以及面积间的关系的呢？圆是一个完美而又简单的图形（见图 4.4），图 4.5 引出了一个从古希腊时期就非常有名的难题：如何化圆为方？可以在已知圆面积的条件下，（按尺规作图的方式）画出一个具有相同面积的正方形吗？

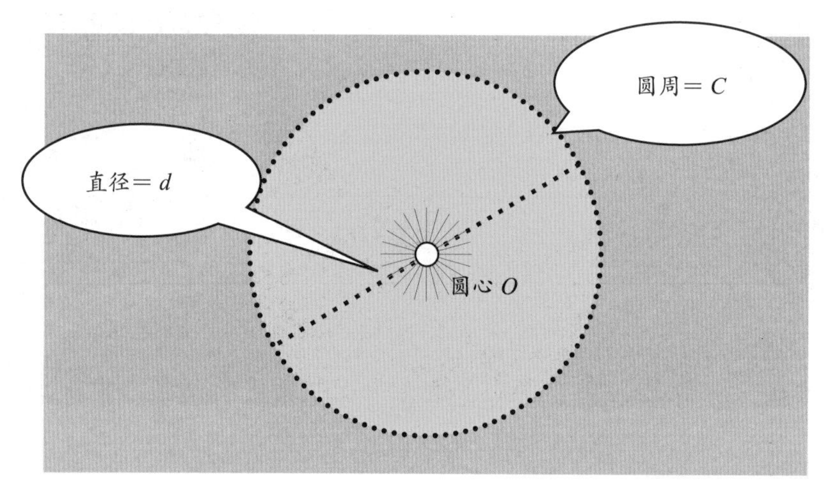

图 4.4　圆，单纯且简单，或者其实没那么简单

只能用圆规与直尺？显然是不可能的，而且早在 19 世纪时，这就已经被林德曼证明不可能。在图 4.5 中，$A_1 = A_2$ 吗？

我们更乐于看到圆具有双重性。稍后，我们会看到它起码具有三重性。因此，我们可以问：如果这个圆有圆心（而且它真的有，因为那就是我们画圆时，圆规尖点所放的位置），那么它真的有圆周吗？如果它有**内部**，那么它有**外部**吗？

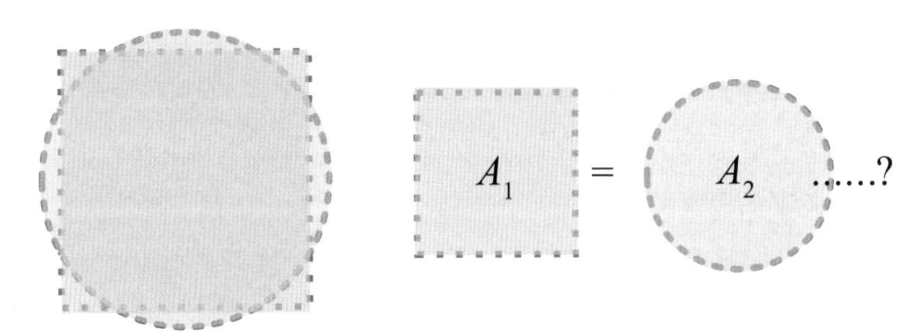

图 4.5　图中的面积相等吗？我们可以用直尺和圆规画出一个与正方形面积相等的圆吗？答案是……不行

如果把圆想象成一个球的通过球心的截面（见图 4.6），那么我们可以考虑该球面的内部与外部。线索就在于此球面可无限地缩小，直到我们想象它变成一个点，然后想象它无限地扩大，那么该球面会扩展成什么样子

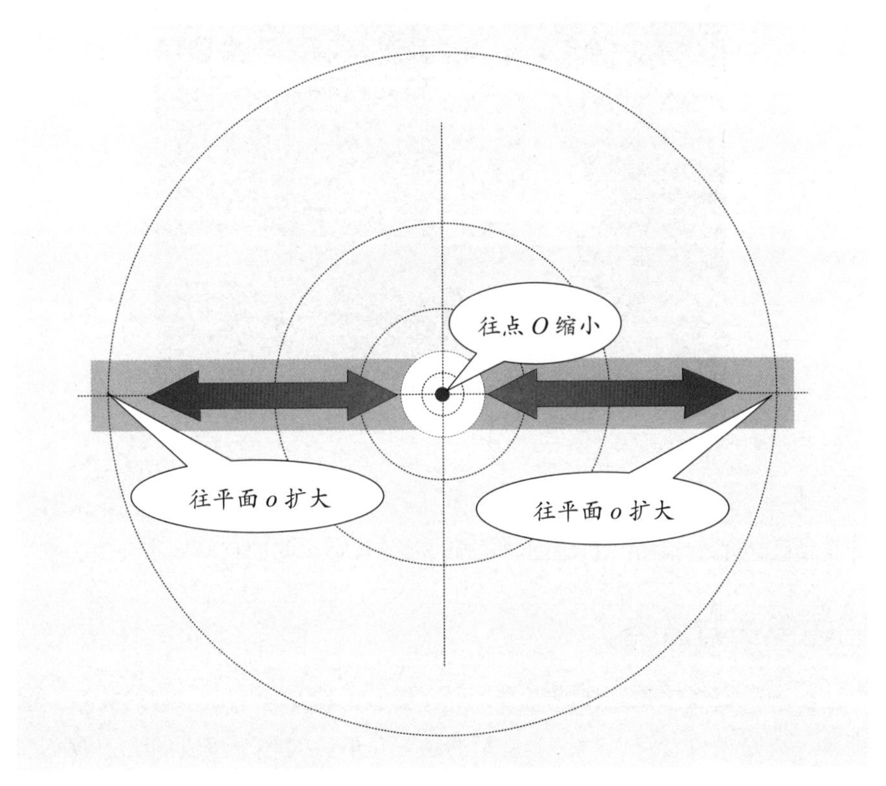

图 4.6　放大与收缩球面

呢？它会变得越来越平坦，就在两个方向上（向左与向右）将它无限延展。不，不是**接近**无限，而是**到达**无限，它就会变平坦了。然而，它还是同样的球面。在这里极性的概念开始隐约出现，球面本身（无论其大小）存在于**极点** O 及平面 o 之间。

当圆在无穷远处时，它看起来就像一条直线。这是值得思考的，但学生在这个时期不喜欢这种具有明显矛盾的事物。尽管如此，我们的球面还是无处不在，像太阳、月亮、金星和气泡（见图 4.7）！

图 4.7 瑞秋与缤纷的球形气泡

现在，先来简要地探索一般书中的写法。譬如，对于给定的圆（指周长与直径已经固定），如果按圆的周长及直径来描述，它们究竟是什么关系？

圆的周长与直径

在一个班级中做这样的练习，可以使学生清楚地明白二者的关系。就度量这方面来说，它也是一个有用的练习，最后对整个班级的结果做简单的统计。

练习五十：圆的周长与直径

① 找一个罐子或瓶子（瓶底最好是平的）。为了方便，再准备一条 40cm 长的细绳。

② 用胶带固定细绳的一端于罐子的中间位置，使得细绳与罐子的轴线垂直。在胶带与细绳的交接处，标注一个记号（绿点），如图 4.8 所示。

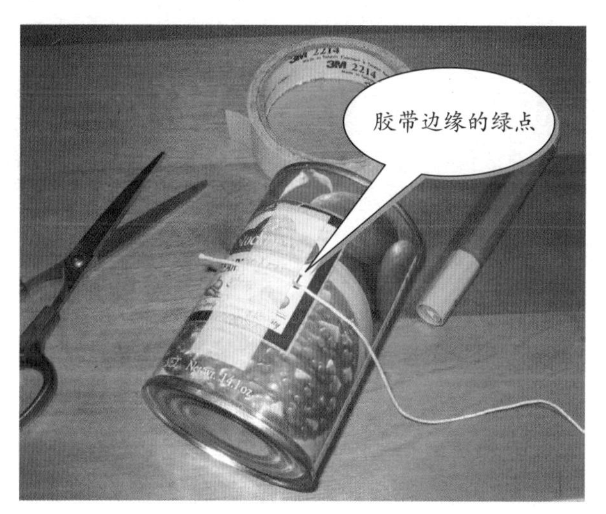

图 4.8　准备罐子与细绳

③ 用细绳绕罐子一圈，并叠合于胶带旁第一次的标记处，然后标记第二个点，如图 4.9 所示。

图 4.9　用细绳绕罐子一圈

④ 展开细绳并撕下胶带。

⑤ 仔细地测量这两个标记之间的长度（见图 4.10），它将是该罐子的周长 C。

⑥ 仔细地测量罐子的直径 d（需特别注意重叠边缘），如图 4.11 所示。

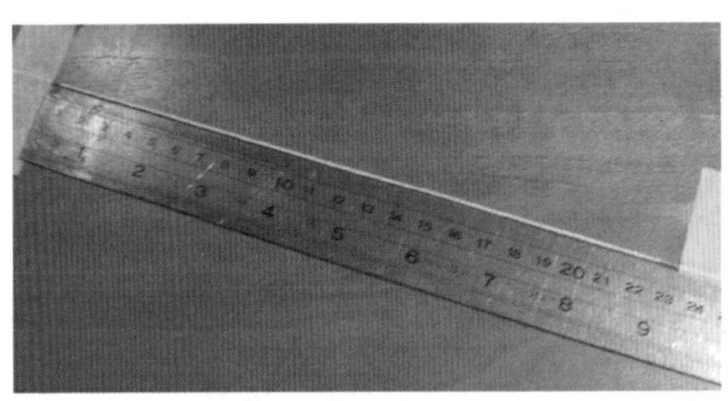

图 4.10　测量两个标记之间的长度

图 4.11　测量罐子的直径

⑦ 将这些测量值记录于表 4.1 中。将圆的周长 C 除以直径 d，并记录这些值。如果测量大小不同的圆形罐子，结果的精度会更高。

表 4.1　圆的周长与直径的记录表

名字	周长 C / cm	直径 d / cm	$C \div d = k$
JB	23.2	7.3	$23.2 \div 7.3 \approx 3.18$

在这个练习中，我的答案是 $k \approx 3.18$。换句话说，该圆的周长大约是直径的 3.18 倍。从所有答案来看，这大都是合适的。还有其他方法能找出 k 值是多少吗？阿基米德的想法如下，他还计算出了数值 k 的上、下限。阿基米德生于大约公元前 300 年的西西里岛。

阿基米德应用多边形的方法

他采用几何上的**穷举法**，下面通过一些较简单的练习做简要说明。

练习五十一：粗略估计圆的直径及周长与正方形的关系

给定一个直径为 10cm 的圆，找出该圆的外切多边形和内接多边形的周长。令这两个多边形均为正方形，那么，圆的周长必然介于这两个正方形之间。

① 画一个以点 O 为圆心，直径为 10cm 的圆。

② 分别画出圆 O 的外切正方形以及内接正方形，并画出对角线，如图 4.12 所示。

③ 测量这两个正方形的每一条边的长。如果作图够精确，那么外切正方形的周长将接近 40cm，内接正方形的周长将接近 28cm。

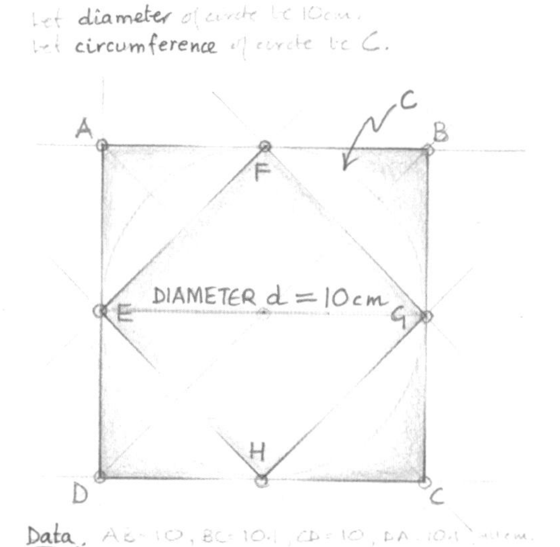

$$28.43<(C\times 10)<40.2$$

图 4.12　画圆的外切正方形和内接正方形

④ 假设此圆的周长是 $10 \times C$，那么，我们可以写成：

$$28.43 < (C \times 10) < 40.2$$

现在，将不等式的各项同除以 10（使得圆的直径化为 10/10=1），得：

$$\frac{28.43}{10} < \frac{C \times 10}{10} < \frac{40.2}{10}$$

我们得到：

$$2.843 < C < 4.02 \text{（当直径＝ 1 个单位时）}$$

所以，我们知道这个数介于 2.843 与 4.02 之间。这并不是特别有用，因为我们甚至只凭借经验，运用细绳与罐子就能得到 3.18 这个更精确的值。我们可以做得更好吗？阿基米德在用（正）多边形的方法求圆周率时，他运用了边数更多的多边形，甚至用了外切九十六多边形及内接九十六多边形。

练习五十二：使用内接正六边形与外切正六边形估计圆的直径与周长的关系式

① 画一个直径 $d = 10\text{cm}$ 的圆。

② 以与半径相同的长度将点 A ~ 点 F 标示出来，如图 4.13 所示。

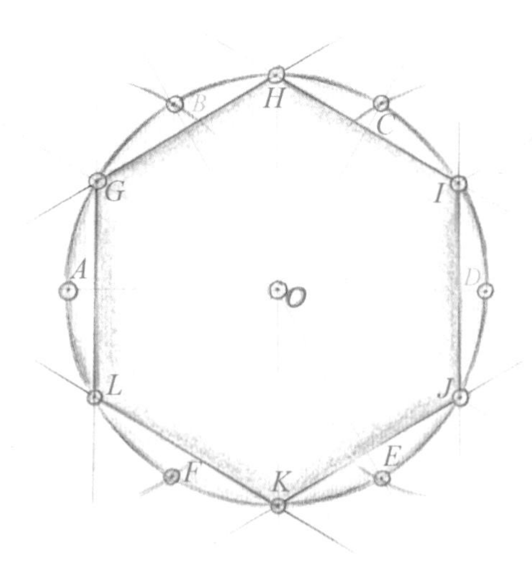

图 4.13　画圆的内接正六边形

③ 作∠AOB、∠BOC、∠COD、∠DOE、∠EOF 和∠FOA 的角平分线，分别交圆周于点 G、H、I、J、K 和 L，连接各点，可得圆的内接正六边形（见图 4.13）。

④ 作一条通过点 G 且与圆相切的直线，此切线与直线 GOJ（即直径）**垂直**。

⑤ 这条切线与直线 BOE 及直线 AOD 分别相交于 N、M 两点。用圆规以点 O 为圆心，OM 为半径画圆弧。

⑥ 连接 MN，这是外切正六边形的一条边。接着，画出剩下的 P、Q、R、S 各点。

⑦ 进一步完成外切正六边形的另外 5 条边，如图 4.14 所示。

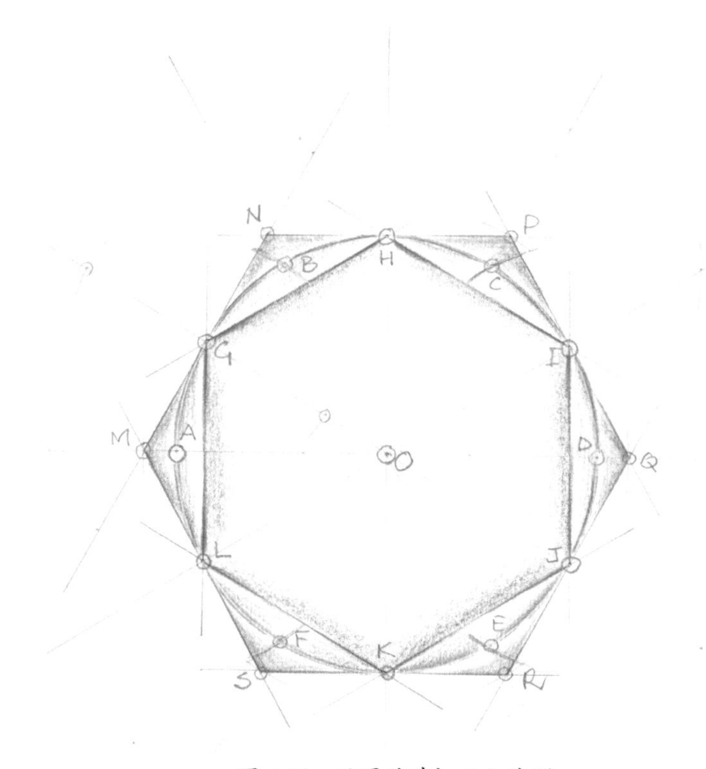

图 4.14　画圆的外切正六边形

⑧ 度量外切正六边形的每一条边，并将所有的边长相加，得到**外切**正六边形的周长。度量内接正六边形的每一条边，并将所有的边长相加，得

到**内接**正六边形的周长。

⑨ 将这些数值以如下形式表示：

内接正六边形的周长 $<(C\times 10)<$ 外切正六边形的周长

另一种方法是**进行计算**，在这个相对简单的练习中，这是可行的。所以在这里，我们可以运用计算来检验我们度量的结果。

练习五十三：计算内接正六边形与外切正六边形的周长

① 从内接正六边形中截取一个三角形 OIJ（见图 4.15）。注意，圆 O 的半径是直径的一半，也就是 5cm。

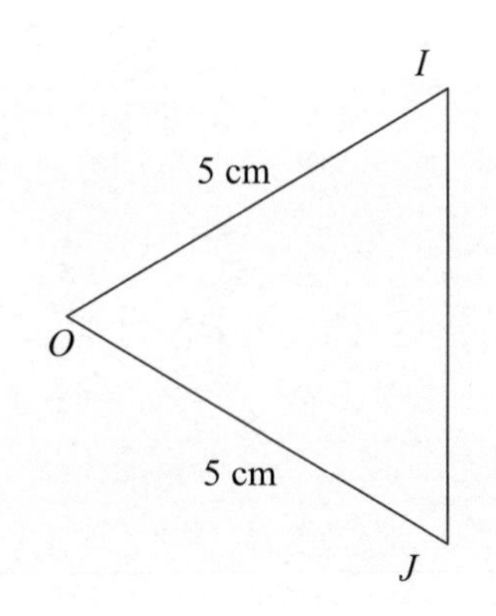

图 4.15 取三角形 OIJ

② 因为三角形 OIJ 是等边三角形（通过圆规用相同半径的标尺作图），所以，线段 IJ 也是 5cm。

③ 由于 IJ 是内接正六边形的一条边，所以，这个内接正六边形的周长为 $6\times 5\text{cm}=30\text{cm}$。

④ 外切正六边形周长的计算就复杂一点。过点 O 作 IJ 的垂线，并交直线 IJ 于点 T（见图4.16）。因为 $\angle OIT=60°$，所以 IT 是 IJ 长的一半，即2.5cm。

⑤ 延长线段 OT 交圆的切线于点 Q，从图 4.14 中可以看出三角形 OIQ 为直角三角形，其中 $\angle OIQ$ 为直角。

⑥ 利用勾股定理 $a^2+b^2=c^2$ 计算 OT 的长度。

$$\overline{OT}^2+\overline{IT}^2=\overline{OI}^2,\text{ 即 }\overline{OT}^2+2.5^2=5^2$$

因此，$\overline{OT}^2 = 25 - 6.25 = 18.75$，得 $\overline{OT} = 4.3301$（cm）。

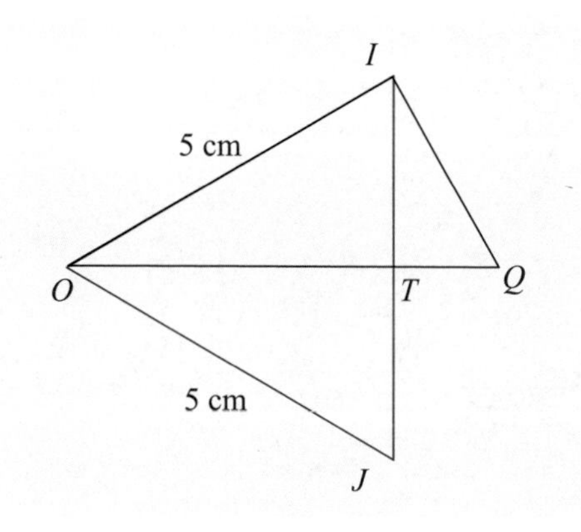

图 4.16　直角三角形 *OQI*

⑦ 现在，需要求出 *IQ* 的长度。这必须要使用三角形 *OIT* 与三角形 *OQI* **相似**的性质。因为两个三角形相似，所以对应边成比例，也就是：

$$\overline{IQ} / \overline{IT} = \overline{OI} / \overline{OT}$$

然后，代入已知值，得：

$\overline{IQ} / 2.5 = 5/4.3301$，$\overline{IQ} = 2.5 \times (5/4.3301) = 2.8868$（cm）。

⑧ 因为 $\overline{IQ}$ 是 $\overline{PQ}$ 的一半（见图 4.14），所以 $\overline{PQ} = 2 \times 2.8868 = 5.7736$（cm）。

⑨ 因为 $\overline{PQ}$ 是外切正六边形的一条边，所以外切正六边形的周长是 $6 \times 5.7736 = 34.642$（cm）。

⑩ 结论：$30 < (C \times 10) < 34.642$，将不等式的各项同时除以 10，可得：

$$3 < C < 3.464$$

所以，当 $d = 1$ 时，C 的值介于 3 与 3.464 之间。

用正八边形来计算 π 的值

最后，采用同样的方法，做圆的内接正八边形和外切正八边形（见图 4.17），可得：

$$30.4 < (C \times 10) < 33.2$$

在这个例子中，用 π 取代符号 C，并将不等式的各项同除以 10，得到：

$$3.04 < \pi < 3.32$$

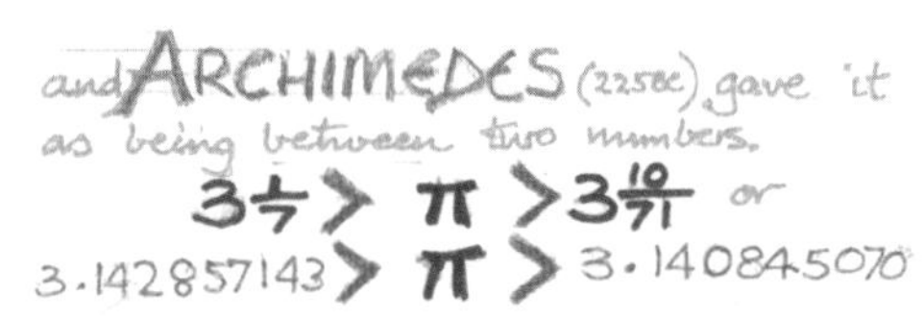

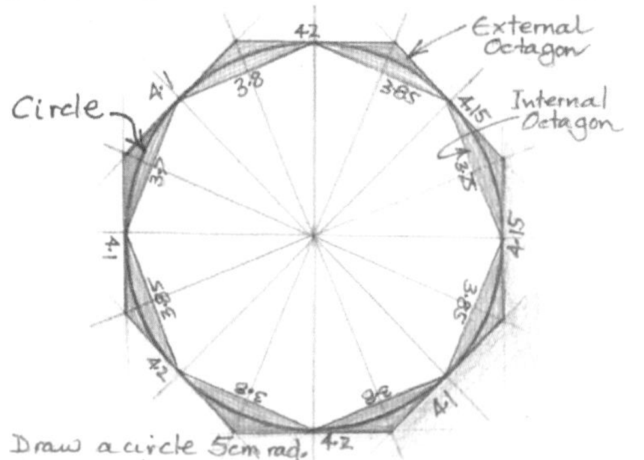

阿基米德得出π在两个数之间。他是用穷竭法得到的：找一个圆的内接多边形和外切多边形，得出圆周长的范围。左图是圆的内接正八边形和外切正八边形。阿基米德用了九十六边形！

图 4.17　正八边形

阿基米德发现在使用九十六边形计算时，π 必介于$3\frac{1}{7}$到 $3\frac{10}{71}$之间。这是一个伟大的成就，而且就大部分的用途而言，其精度已绰绰有余了。如果我们取下列两数的平均值：

$3\frac{1}{7}=3.142\,857\,142\,857\,1\cdots$（这是一个从小数点后第 7 位开始循环的小数）

$$3\frac{10}{71}=3.140\,845\,070\,422\,5$$

即　$(3.142\,857\,142\,857\,1+3.140\,845\,070\,422\,5)\div 2=3.141\,851\,106\,639\,8$

这时它已精确到小数点后第二位，就是 3.14。仅仅这样，就足以说明 π 的秘密真的很多。

π 的命名

圆的周长与直径的比一直都没有被命名，直到 1700 年初，它才被赋予了 π 这个符号，它取自希腊词 periphery 的第一个字母（一般发音是 pie）。

1706 年，英国数学家威廉·琼斯首次使用符号 π 代表了圆的周长与直径的比。接下来，就归功于著名的欧拉，他在 1748 年使 π 这个符号得到了普及。它需要一个名字，因为直到 1706 年，它还必须用下列古怪的拉丁文措辞表示：*quantitatis in quam cum mulitplicetur diameter, provenient circumferentia*。它意指，“这个数量，当直径乘上它时，就可以得到圆的周长”。所以，π 是一种值得赞扬的简写方式。

在 17 世纪早期，π 一直被称作鲁道夫数，因为鲁道夫·范科伊伦将 π 值计算到了小数点后第 35 位。

π 的递增精度

目前，π 已经精确到了非常多的小数位，但最常见的近似值还是 3.142 或 3.1416。在图 4.18 中，针对曾经试图决定我们今天称为 π 这个数的人，我列出了一份小小的名单。

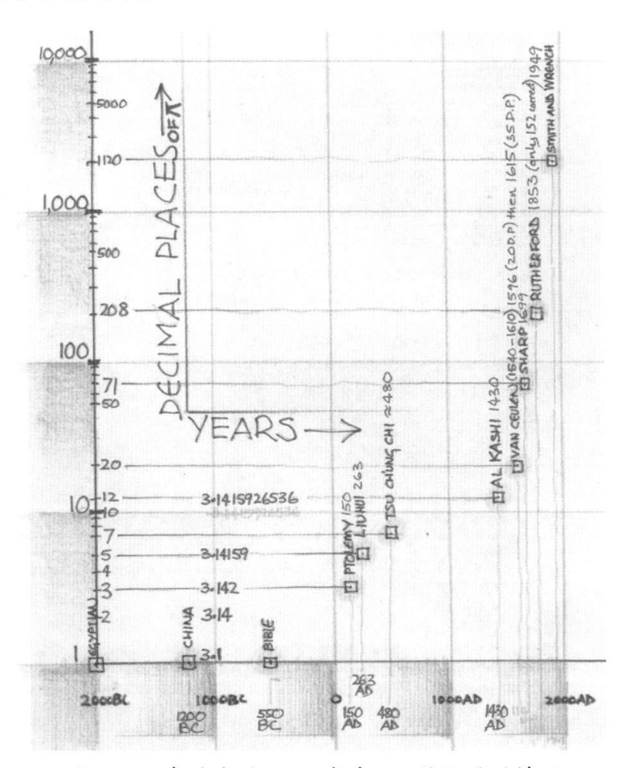

图 4.18　在过去的 4000 年中，π 被记录的情况

许多近似值已经流传了很长一段时间，这里只显示了一小部分。即使在《圣经 · 旧约》中，也有一个故事来说明这个数（见图 4.19）：“于是，他铸了一个铜海，样式近似一个圆柱体，高 5 腕尺，径 10 腕尺，圆的周长为 30 腕尺。”（译注：腕尺是古代的一种量度，自肘部至中指指尖，长 46 ~ 56cm，见第 65 页。）

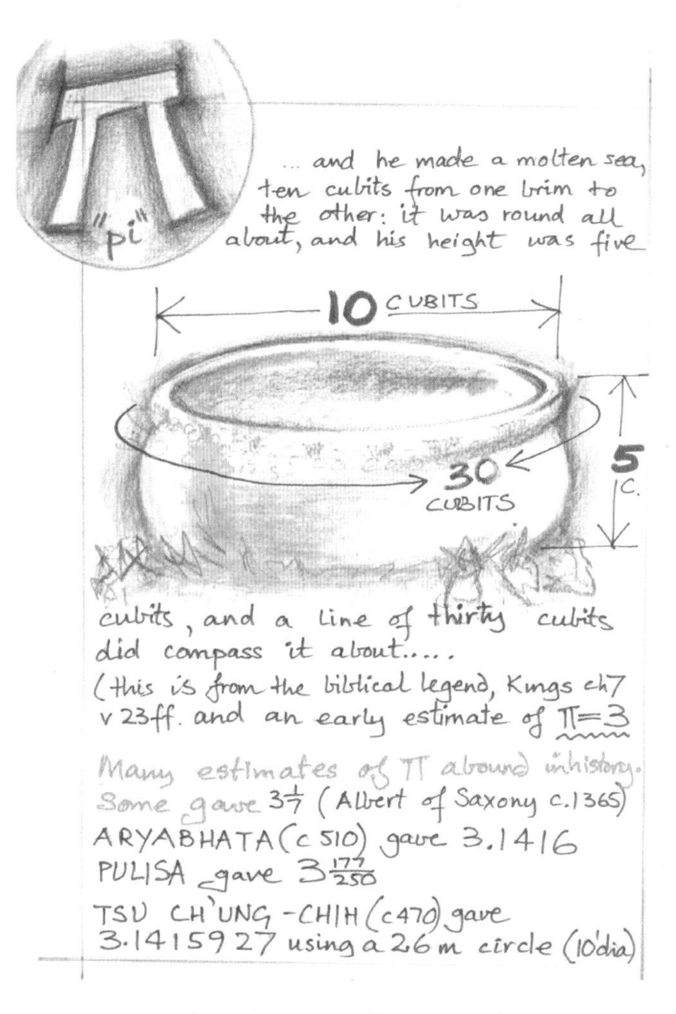

“他铸了一个铜海，样式近似于一个圆柱体，高五腕尺，径十腕尺，围三十腕尺。”出自《旧约 · 列王纪上》7:23。历史上有许多人对π做过估算，如阿尔伯特、阿耶波多、普利沙、祖冲之。

图 4.19　用一根 30 腕尺长的线度量铜海的周长

这样的叙述很像是在说明一个直径为 10 腕尺的圆，其周长是 30 腕尺。

我们并未试图掩盖今天的努力，利用计算机计算 π 已经可以精确到小数点后 10 亿位。我不确定这件事的意义！似乎在数字 3 的后面没有一个可以明确表达的模式。不过，如果这可以计算，那么计算法则本身应该会有模式。在布拉特纳、吉尔伯格和普萨米特的著作中，就列出了一些像这样级数（展开式）模式的例子，其中 π 的表达式如下。

$$\pi=\frac{2}{\sqrt{\frac{1}{2}}\times\sqrt{\frac{1}{2}+\frac{1}{2}\sqrt{\frac{1}{2}}}\times\sqrt{\frac{1}{2}+\frac{1}{2}\sqrt{\frac{1}{2}+\frac{1}{2}\sqrt{\frac{1}{2}}}}\times\cdots}$$

出自 1593 年，法国数学家韦达。

$$\pi=2\times\left(\frac{2\times2\times4\times4\times6\times6\times8\times8\times\cdots}{1\times3\times3\times5\times5\times7\times7\times9\times\cdots}\right)$$

出自 1655 年，英国数学家沃利斯。

$$\pi=4\left(1-\frac{1}{3}+\frac{1}{5}-\frac{1}{7}+\frac{1}{9}-\cdots\right)$$

出自英国数学家格雷戈里（1670），以及晚一点的莱布尼兹（1673）。

像这样许多不同的级数表达式，却给了我们**相同**的值，实在有趣。像这样一个可用多种方法找到、却没有可辨识的模式的数，代表了曲线和直线之间、圆形与方形之间的一种联结，而这种联结可能有着特殊的意义。至少从古希腊人想要化圆为方以来，这就已经困扰着我们。

圆的周长

在苦苦思索这个特殊的值和上述这些奇妙的关系式之后，我们可以用实际例子再次检查。图 4.20 中列出了多种圆形物体的直径和周长。

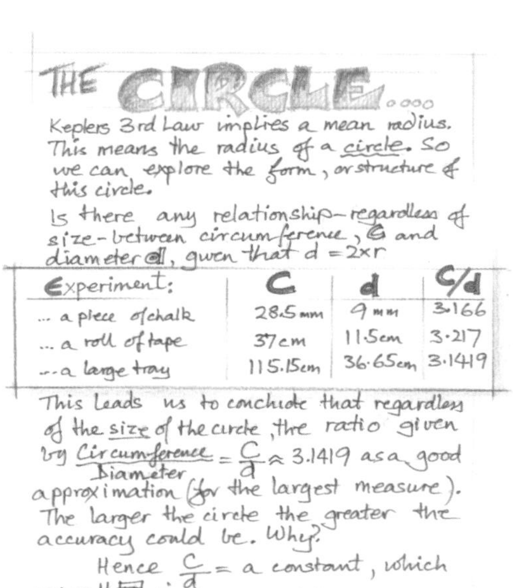

开普勒第三定律需要用到卫星轨道的平均半径。也就是说，只要已知一个圆的半径，我们就可以探讨该圆的大小。

不管圆的大小如何变化，圆周（C）和直径（d）的比值十分接近。圆越大，精度就越高。为什么？因为 C/d 是一个常数，我们称作 π。

图 4.20　圆的直径和周长

倘若当圆的直径是 1 个单位时，圆的周长就是 π 个单位，则这个关系式最终可以写成如下形式。

直径	:	周长
1	:	π

两边同时乘以 d，得：

d	:	$d\times\pi$

由于 $d=2\times r$，因此：

$2\times r$	:	$2\times\pi\times r$

一般表示为：

$$C=\pi\times 2\times r$$

或者简化成：

$$C=2\pi r\text{（}C\text{ 就是半径为 }r\text{ 个单位的圆的周长）}$$

这是一个值得记住的公式，但这个公式与 πr^2 经常让学生混淆，我们现在就要处理这些问题。如果圆的周长和直径（或半径）的关系会引起这样的困惑，那么用 π 这个奇怪的数去计算面积也不会简单到哪里去。

我们从一个练习开始，使用剪下的硬纸板图样。

练习五十四：找出圆面积的近似值

如果我们可以化圆为方，那么计算圆的面积将非常容易做到，但是我们不能（当林德曼证明 π 是一个超越数时，就已经证明做不到了）。超越数在这里的意思是，它不是任何整系数代数方程（由有理数与有限多个单项式所构成）的根。

取一个圆，把它裁剪开，重新排列成一个近似的长方形，然后进行计算。这就是图 4.21 所要表达的意思。

① 画一个半径为 4cm 的圆。

② 将圆十六等分（也就是先四等分，再将这些四等分后的扇形二等分，然后再一次二等分，请使用第 1 章所学的角平分线作图法精确完成），每一个扇形的角度都应该是 22.5°。

③ 重新排列这 16 个小扇形，排成的形状近似于一个平行四边形。

④ 这个平行四边形的高近似为 $r$cm（在这个例子中是 4cm）。它的底边长度近似圆的周长的一半，即 $b \approx \frac{2\pi r}{2} \approx \pi r$。

⑤ 平行四边形的面积是 $A=$底 × 高 $=b \times h$，因为 $b \approx \pi r$，$h \approx r$，可得 $A \approx \pi r \times r$，或者我们可以说：

$$圆面积\ A \approx \pi r^2$$

所以，这个特别的圆的面积就是 $A \approx \pi \times 4^2$，或者

$$A \approx \pi \times 16，即\ A \approx 16\pi\ \text{cm}^2$$

如果我们可以画出足够窄的扇形，那么，上述的图形将会更趋近于一个长方形，如此，面积就会是 $A=\pi r^2$ 了。

$A=\pi r^2$（其中 A 是圆的面积，r 是圆的半径）

The ratio $\frac{C}{d}$ (circumference/diameter) has been assumed to be constant from early times. Estimates have been found in early Egyptian measurement (~1650 BC) and early Babylonian problems (~960 BC).
We know the $\frac{C}{d}$ is constant for any sized circle and we call the constant π. Pi is the letter in the Greek alphabet for P and it was chosen because it is the first letter in the word περιφερεια (PERITHERIA) which is the Greek word for circumference.
π is a special number: it is irrational (cannot be written as a fraction). In decimal form it does not terminate, nor does it recur. It belongs to a group of irrational numbers called TRANSCENDENTAL numbers. It has been a source of fascination to mathematicians for centuries. Modern computers can calculate π to many 1000's of decimal places in a matter of minutes, whereas it took Ludolph van Ceulen of Germany (1540-1610) a large part of his life to calculate π to 35 decimal places, using polygons having 2^{62} sides. In Germany, π is commonly called the Ludolphian number.

3·14159265358979323746264338327 9......

area of a circle

Divide a circle radius 4 cm. into 16 equal parts.

$\frac{1}{2}\pi d$
πr

FORMULA = $\pi r \times r = \pi r^2$

EXTENSION
volume
sphere $\frac{4}{3}\pi r^3$
cylinder $\pi r^2 \times h$

r

πr

30

C/d（周长／直径）这个比值自古以来一直被认为是一个常数。从早期古埃及人（约公元前1650年）的测量和古巴比伦人（约公元前960年）的问题里可以看到估计值。我们知道任何大小的圆的*C/d*都是一个常数，这个数被称为π（它是一个希腊字母）。

π是一个很特别的数。它是一个无理数（没有办法写成分数）。在十进制里，它的小数位数既是无穷的，也不会重复。它是一个被称为超越数的无理数。若干世纪以来，一直是数学家废寝忘食的来源。现代的计算机在几分钟内便可以计算到小数点后数千位，而德国的鲁道夫·范科伊伦（1540—1610）花了一辈子的时间才算到小数点后35位，他利用了2^{62}边形。在德国，π通常被称为鲁道夫数。

图 4.21　一个圆在分割重组后可拼成一个近似的平行四边形
（图文由安妮·杰克布森提供）

微小、中等及巨大的尺寸

可以这么说，轮子是中型尺寸，它处在微观与宏观中间的某处。现代世界运用光在真空中的速度来定义“米”的长度。自 1983 年起，1m 被定义为光在真空中于 1/299 792 458s 内行进的距离。对木匠来说，这不是一个实用的定义！但物理学家需要用它来进行特别的研究。这似乎是无关紧要的，因为我们可以体会到的事实是，每秒差不多有一次心跳。这样的测量尺度我们才可以感觉到。

在宏观层面上，天文学家告诉我们，宇宙中存在一个巨大的周期，它表现为巨大的螺旋银河系的慢速旋转。据说太阳正在进行穿越银河系的运动，天文学家霍伊尔描述说：太阳正在以 240km/s 的速度穿越银河系。这个数字也超出了我们可以理解的范围。

所以周期和节奏有各式各样的尺寸，与速度的测量有很大的差异。音乐的核心是节奏（有时几乎要排除所有其他的声音，如果你听过由车载音箱发出的噪声）。上述这些都是物理世界的节奏。生命的秘密**也是**一种节奏，是另一个层次的节奏。这里的节奏完全不同于机械打击式的，而是在任何周期中，由于质的差异所带来的不同，不仅仅是重复。透过周期产生变化，想象一下椭圆，当我们行经它的路径时，可以产生速度的变化。就像开普勒所发现的行星运动，速度快的在椭圆的一端，速度较慢的在椭圆的另一端。现在要回到简单的图形上。

圆形

圆形（或者环形）可被视为在时间中转动的轮子在空间中的表现形式：在空间中是圆形，在时间中则是周期。就像当我们不经意地瞥见太阳时，就看到了圆形，而月亮的圆形似乎更容易见到。

这也就是 18 世纪后期那些年，在太平洋上库克船长曾下令让人观察的事件（金星凌日，如图 4.22~ 图 4.24 所示）。罕见吗？是的，但那不过就是一个周期性事件。让学生知道这些事情是很重要的，它们提醒我们伟大的节奏要深留在记忆中。

图 4.22 太阳前面的金星。艾瑞克（现为澳大利亚科学与工业研究组的一员）把金星的影像投射在纸上

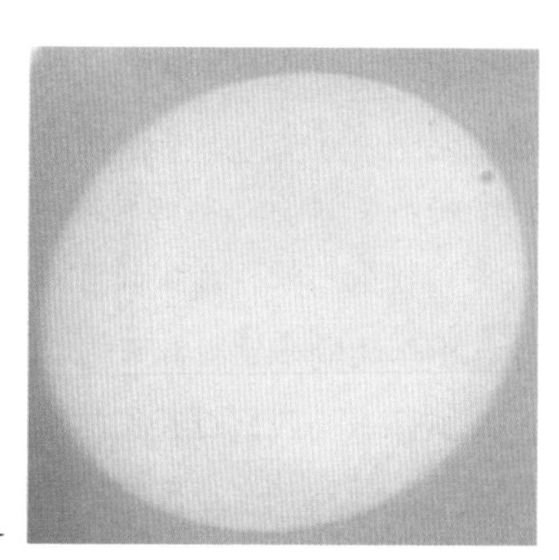

图 4.23 金星凌日现象

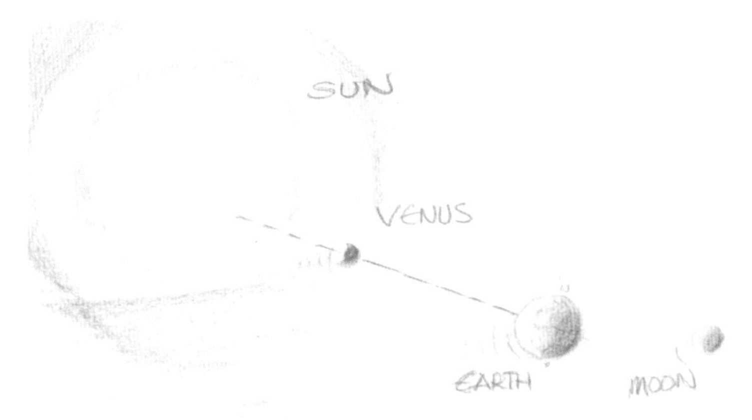

图 4.24 金星凌日现象的原理图

金星凌日

凌日报导者　JB 撰写

如果今天的太阳是明亮的，而且有一点点的云，我们应该就能够把太阳的影像投射到一个屏幕上，并且可以观察金星（大约是太阳大小的 1/30 ）的变化。

没有光学设备的辅助，绝对不能直视太阳。

2004 年 6 月 8 日出现了金星凌日现象，它的确切位置是在太阳圆盘的上半部，如图 4.25 镶嵌处。金星出现时，像是一个黑点缓慢地穿越太阳。开始接触到太阳时，是在下午 3:07，到它完全在太阳之上，几乎又花了 20 分钟时间。与水星相比，它真的像是一个很慢的拖车。下一次的凌日现象将出现在 2117 年。

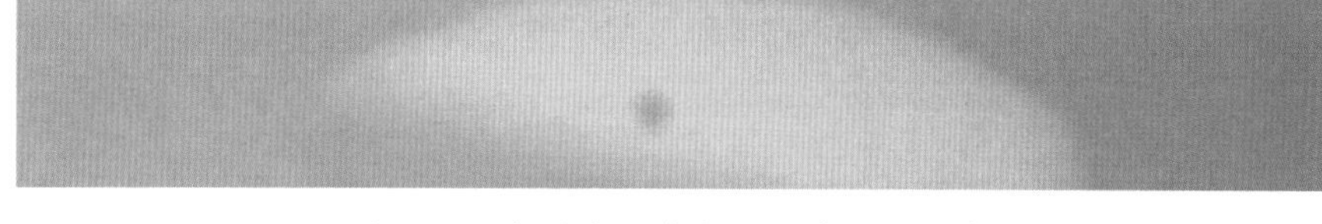

图 4.25　金星出现在太阳圆盘的上半部

金星围绕太阳旋转的周期是不需要任何宇宙学理论来确定的，至少不需要参考地球的相关理论。我们只要简单地注视天空即可。对于金星的公转周期，几千年前的观察者就已有所记载了。这个周期可以转换为 0.615 地球年（$224.701 / 365.256 \approx 0.615$）。我们知道，地球的周期也是通过实际观测得到的，大约是 365.256 天，这是凭借经验得到的数据。这种经验就是透过时间所看到的所有周而复始的四季运行。

这里有两件事：在空间中是太阳与金星的圆盘，在时间中是金星凌日现象出现的节奏。

白天、黑夜及内布拉星象盘

日复一日，年复一年，如此周而复始……然而，“一天”的长度从不相等，这是任何一位生活在温带至高纬度地区的人都知道的事。我记得当我在英格兰南部当学徒时，时值冬日，我们上班时天总是黑的，下班时天还是黑的。当时常听到的玩笑是：如果你一眨眼，可能就会错过太阳（在一个无云的晴天）！而这还只是在北纬 50 多度的地方，这和太阳在何时、何处升起相关。太阳在升起时笼罩地平线的范围相当广，而这当然取决于纬度。

不久前发现的青铜时代的工艺品，我们从其素描图（见图 4.26）就可以知道它有多么了不起。一群东欧的宝藏收藏迷发现了这个令人好奇的工艺品，它被认为是青铜时代文化的一种展现。如果它不是伪造的（真实性被挑战是不可避免的），就暗示着那时候已经有了天文学，这件工艺品被称为内布拉星象盘。

内布拉星象盘的直径是 32cm，并有若干的说明。左边的圆圈代表太阳（或白天），右边的月牙代表新月（或夜晚）。太阳右上方的 7 个小圆圈（见图 4.27）可能代表昴星团的 7 颗亮星。下方的弧线（见图 4.28）代表“天空之船”，带领我们从黑夜走到白天，如此周而复始。这是许多平行发展的文化共有的符号。

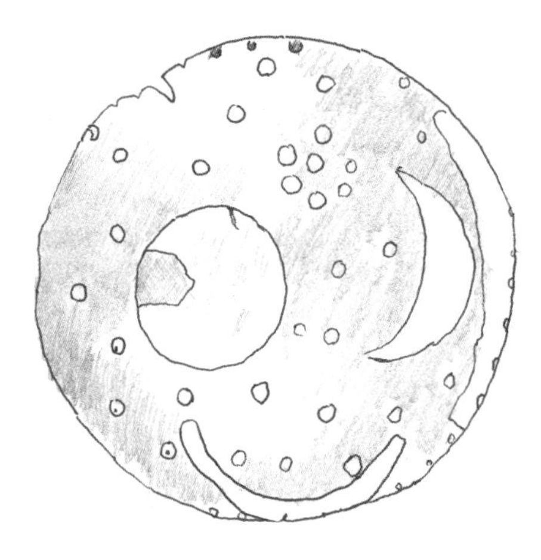

图 4.26　青铜时代的星象盘

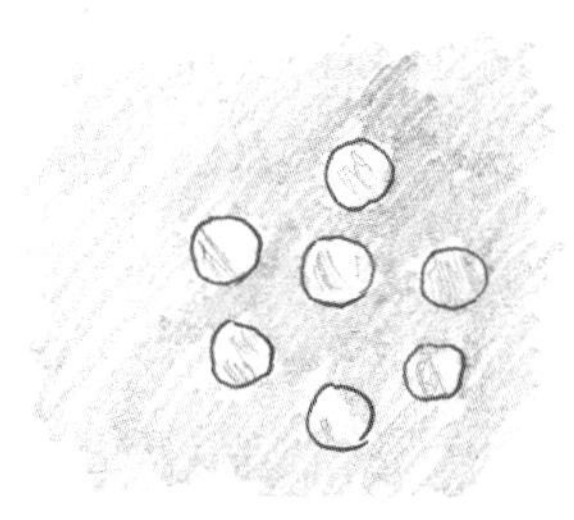

图 4.27　7 个小圆圈

神话中记载昴星团共有 7 颗亮星，它们是阿特拉斯的 7 个温柔的女儿。但是用裸眼去看，一般只能看到其中 6 颗。这引出了一种想法，即群体之一已经开始变暗或渐渐消失了。在很多文化的神话中，这个“消失的昴宿星的传说”一直流传到现在。

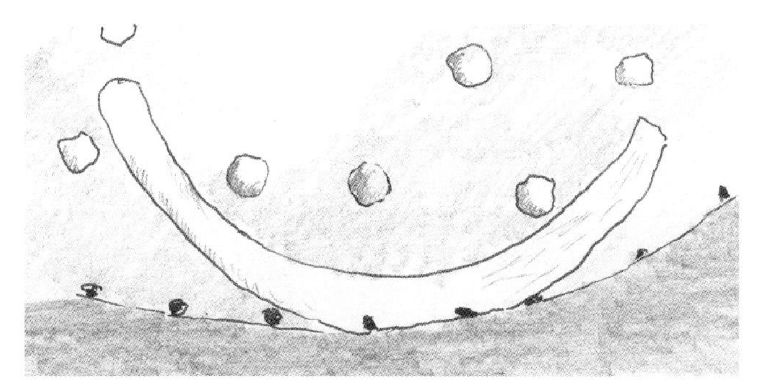

图 4.28　下方的弧线

左、右两侧边缘的圆弧代表在一年中，这件工艺品被挖掘的位置的日出和日落的**范围**，如图 4.29 所示。

这个角度被解释为：一年之中，在特定的纬度内，日出和日落所跨的角度范围。古人（约公元前2000年）在当时就已经知道这些事，着实令人诧异。这片圆盘上的角度是 82°，跟它被发现的纬度位置一样。圆盘中其他的小圆圈可能是其他的小星星吗？值得思索！

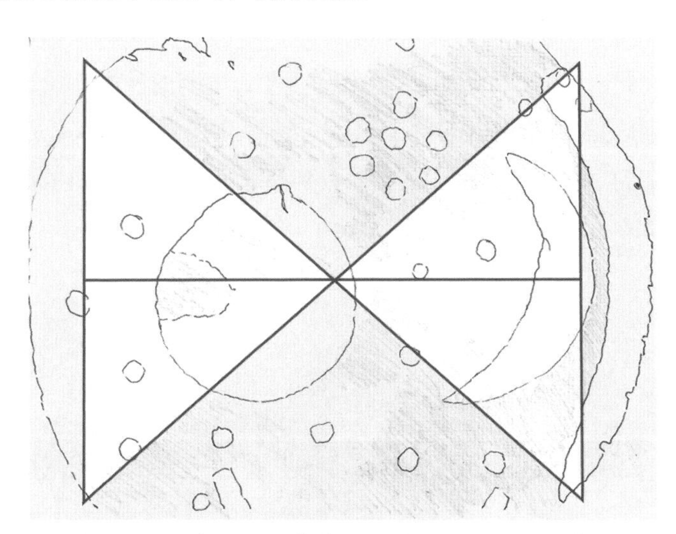

图 4.29　两个圆弧的角度大约是 82°。它们的交点接近太阳影像的边缘

这个角度的摆动是由于地球轴心的轨道倾斜了 23.5°。南北极轴的方向定义了回归线，北回归线在北半球，南回归线在南半球，它们是赤道以

北和以南、纬度为 23.5° 的圆圈（见图 4.30）。

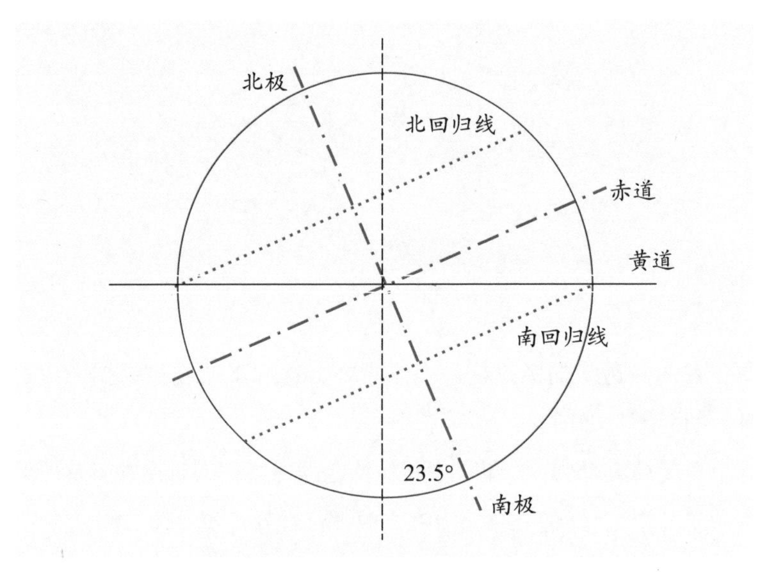

图 4.30　地球的倾斜与回归线

太阳在南北回归线之间是以螺旋方式出现的。在北半球的夏季，太阳的升起和落下是从东北方到西北方；到了冬季，太阳的升起与落下则逐渐南移。在南半球是相反的，在南半球的夏季，太阳的升起和落下是从东南方到西南方，到了冬季，又变成从东北方到西北方。这就是在内布拉星象盘上角度摆动的原因，如图 4.31 所示。

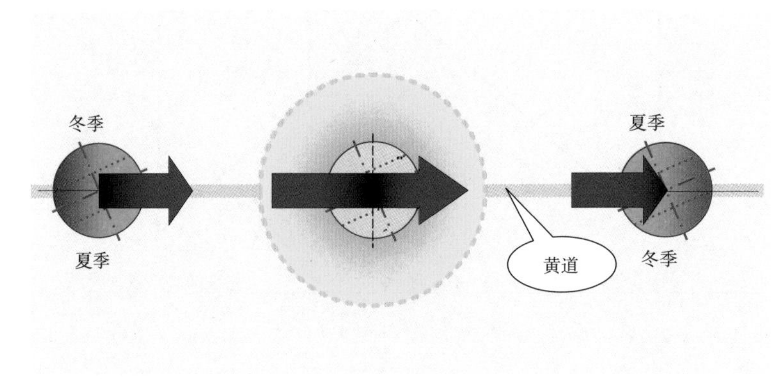

图 4.31　地球轨道倾斜的效应以及不同季节的产生

奠基于哥白尼的当代基本图像

如果地球的基本图像如上所构想的那样，那么两极与垂直轴就会形成一个角度（见图 4.30）。这个角度被认为是 23.5°　。

在很长的一段时间内，这个角度似乎是一个恒定的常数，也就是因为这个倾斜角与黄道有关，才使得我们有了季节的变化。

季节

在图 4.31 中，我们看到了地轴倾斜的影响。如果我们想象夏季时地球是在呼气，冬季是在吸气，那么在任何一个极端的时间（译注：指夏季或冬季）内，一面的地球在吸气，另一面则在呼气："呼气在一个地方，吸气在另一个地方。"因此，它在相同的时间里既有冬天又有夏天，每半年在不同的半球交替一次。

这已经够复杂了，但不只如此。在图 4.31 中，它始终在黄道上移动。这是地球的轨道平面（我们必须从某个地方开始），它与太阳的中心相交，而且地球的运动就像其他行星一样，都是绕着太阳运行的。通常从"上面"（北极上方）观察，地球是逆时针旋转的，这被称为**顺行**。

地球绕着太阳旋转的椭圆路径

地球在黄道上运动的路径几乎是一个椭圆形（它仅仅只有 0.0167 的偏心率，如图 4.32 所示）。即使如此，还是造成了地球与太阳的距离有时较近，有时较远。

地球距离太阳的最近位置被称为**近日点**，距离太阳最远的位置被称为**远日点**。近日点在黄道上向东移动，周期约为 11 万年。这的确是一个缓慢的运动。

即使是巨大的太阳也被认为在朝着一个星座运动——而这使问题复杂化了。这个星座是武仙座，靠近织女星，它被称为**太阳向点**，与此相反的方向是**太阳背点**。太阳朝向织女星运行的速度据说是 19.7km/s。

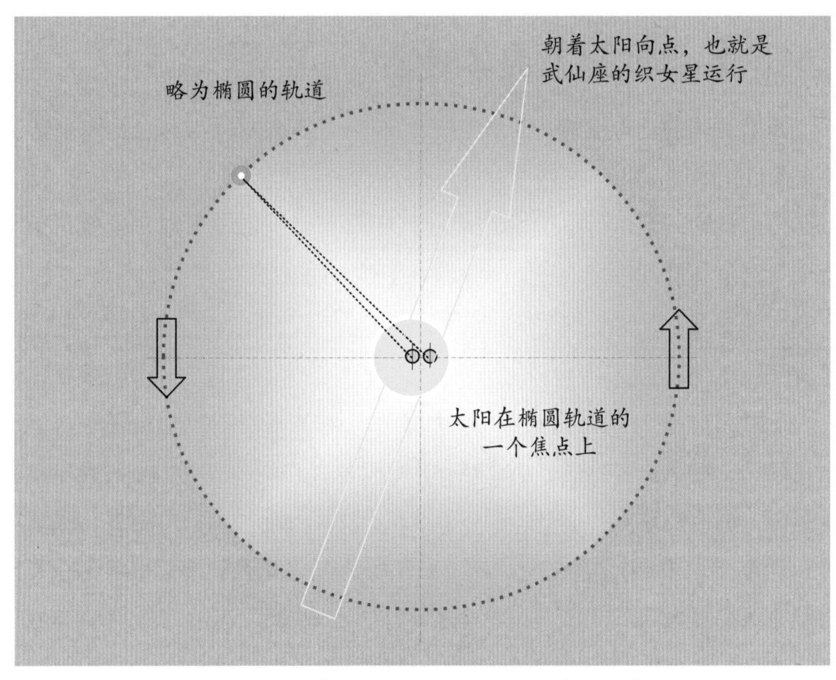

图 4.32　地球绕着太阳旋转的椭圆路径（偏心率很小）

仅仅为了描述的目的，夸大地球轨道的椭圆性，将可以更清楚地说明近日点和远日点的概念，如图 4.33 所示。

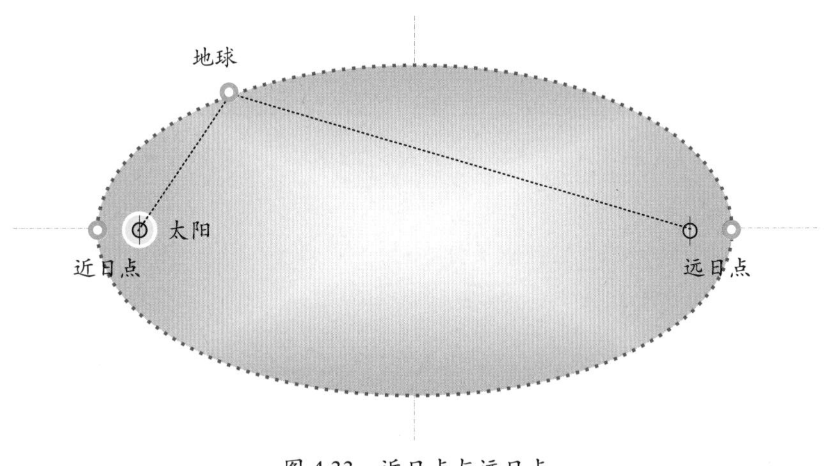

图 4.33　近日点与远日点

在宇宙、太阳系和地球之间，特别是月球和太阳系，也都有着令人好奇的关系。这样的关系是由开普勒发现的，其中有 3 个关系最为特别。上述所提到的就是其中一个，地球按照一个椭圆形路径围绕太阳运行。是谁首先提出这个想法的？正是开普勒（他在 1609 年发表了第一个定律，1619 年发表了最后一个定律）。

开普勒的行星运动定律

开普勒发现了行星运动的 3 个主要关系。如果我们以一种特殊的方式挤压一个圆，将会得到另一种形式，这种形式被称为椭圆。椭圆的特殊之处在哪里？

椭圆就是这个特有的天体（地球）的运行轨道（如果开普勒是可信的话），我们正运行在此轨道上！地球绕行太阳的路径被视为椭圆形，如图 4.34 所示。

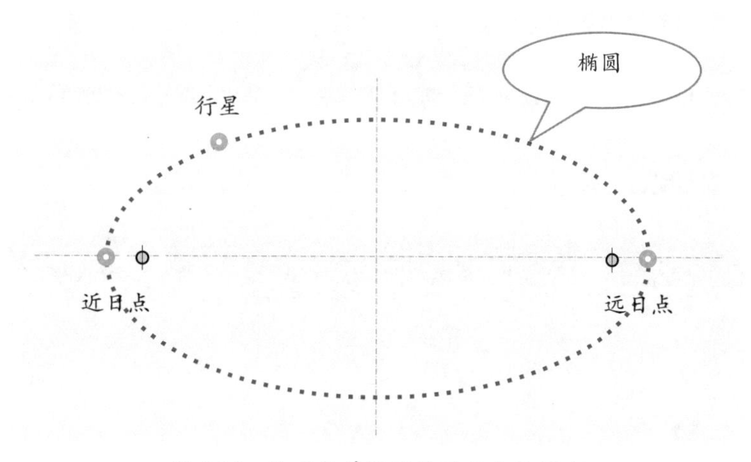

图 4.34　地球沿着椭圆轨道绕太阳运行

在古希腊时期，托勒密和亚里士多德认为行星绕着地球做圆周运动。虽然行星是在一个本轮上运动（即另一圆又在这个圆上，如图 4.35 所示），然而，为了精确地说明这个运动的不规律性，小圆必须附加在本轮上——这是一个非常复杂的图像。

1453 年，哥白尼展示了一个简化后的图形，他将太阳放在圆心，让所有行星绕着太阳在周周上运行。这个简化有点过度，因此留下了一些无法说明的不规律性问题。这使得天才开普勒得以发现行星以**椭圆**轨迹运动，且太阳处在椭圆轨道的一个焦点上。这就是**开普勒第一定律**。

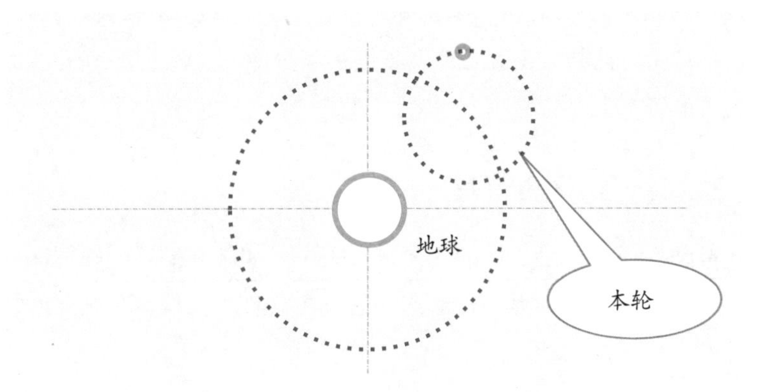

图 4.35　托勒密及亚里士多德时期的行星周期与本轮

开普勒**第一**定律是：

所有行星的运动轨迹，是一个以太阳为其中一个焦点的椭圆轨道。

开普勒**第二**定律是：

在相同时间内，行星和太阳的连线所扫过的面积相同（见图 4.36）。

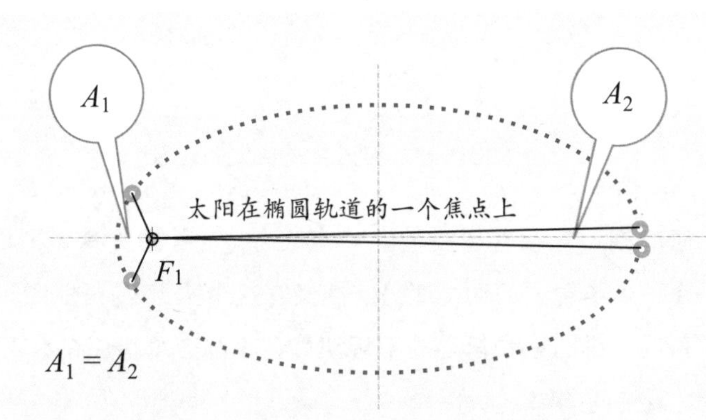

注意：这表示靠近焦点 F_1 时行星运动较快，
而在较远那一边时运动较慢。

图 4.36　开普勒第二定律示意图

开普勒**第三**定律是：

> **太阳系内所有行星的椭圆轨道周期 T 的平方，正比于椭圆轨道半长轴（常用行星到太阳的平均距离代替）R 的立方（见图 4.37）。**

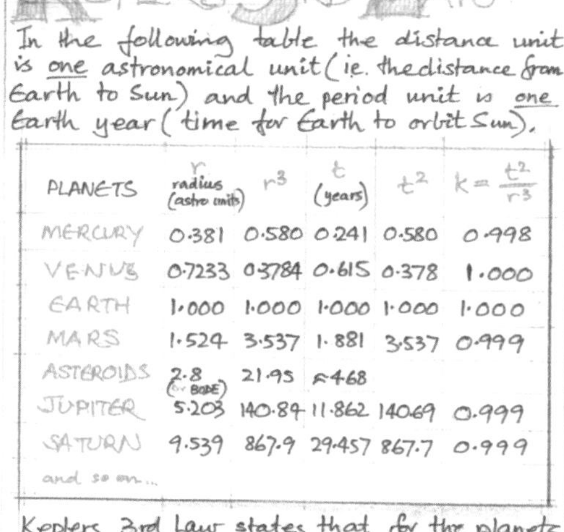

KEPLERS 3RD LAW

In the following table the distance unit is one astronomical unit (ie. the distance from Earth to Sun) and the period unit is one Earth year (time for Earth to orbit Sun).

PLANETS	r radius (astro units)	r^3	t (years)	t^2	$k = \frac{t^2}{r^3}$
MERCURY	0.381	0.580	0.241	0.580	0.998
VENUS	0.7233	0.3784	0.615	0.378	1.000
EARTH	1.000	1.000	1.000	1.000	1.000
MARS	1.524	3.537	1.881	3.537	0.999
ASTEROIDS	2.8 (BODE)	21.95	≈4.68		
JUPITER	5.203	140.84	11.862	140.69	0.999
SATURN	9.539	867.9	29.457	867.7	0.999
and so on...					

Keplers 3rd Law states that for the planets in our Solar System, that the square of the period, divided by the cube of the radius is always a constant. There is an underlying unity and harmony within this Heliosphere. Kepler discovered why that this was so but it took Isaac Newton to give an explanation.

在左图的表格里，距离单位是 1 天文单位（也就是地球到太阳的距离），周期单位是 1 地球年（地球绕行太阳一圈所用的时间）。

开普勒第三定律表明，对于太阳系中的行星而言，周期的平方除以半径的立方会是一个常数。虽然开普勒发现了这一现象，但直到牛顿才给出了解释。

图 4.37　开普勒第三定律

运用符号，开普勒第三定律可以表示成 $T^2 = kR^3$，即

$$\frac{T^2}{R^3} = k$$

其中，T 为轨道周期，R 为行星到太阳的平均距离，k 是取决于所使用的时间和距离单位的某个常数。

我们可以用两个例子来计算 k 的值，如邻近地球的金星和火星。金星：

恒星周期 T_V =224.701 天，平均距离 R_V =108.21 百万千米；火星：恒星周期 T_M = 686.980 天，平均距离 R_M =227.94 百万千米。

所以，$\frac{T_V^2}{R_V^3}=\frac{T_M^2}{R_M^3}=k$ 是真的吗？

测试一下：$\frac{224.701^2}{108.21^3}=\frac{686.980^2}{227.94^3}=k$？

计算金星：$\frac{224.701^2}{108.21^3}\approx\frac{50\,490.54}{1\,267\,074.6}\approx 0.039\,84$

计算火星：$\frac{686.980^2}{227.94^3}\approx\frac{471\,941.5}{11\,842\,997.3}\approx 0.039\,84$

因此，在这两个例子中 $k\approx 0.039\,84$！试试看其他的行星，即使是小行星（见练习五十七）。

首先，我们从某一个观点来看椭圆——就是让这个年级的学生能够抓住重点和建立模型。这也算是预习了九年级的圆锥曲线课程。

了解椭圆的曲线性质的一个好方法就是将它与圆作比较。用一根线、胶带、铅笔和纸，就能画出一个椭圆。有很多针对椭圆的作图方法（我们在九年级会做），但在这个例子中，椭圆的动态性质很明显，因为铅笔**真实地**在移动，并得到了图形。

练习五十五：不用圆规画圆

① 取一张 A4 大小的纸板（30cm × 21 cm），一支有长引线的铅笔，一根纤细的线和一卷胶带。

② 将纸板摆成横向，如图 4.38 所示。

③ 先画一条水平线，然后标记出中点（见图 4.39）。

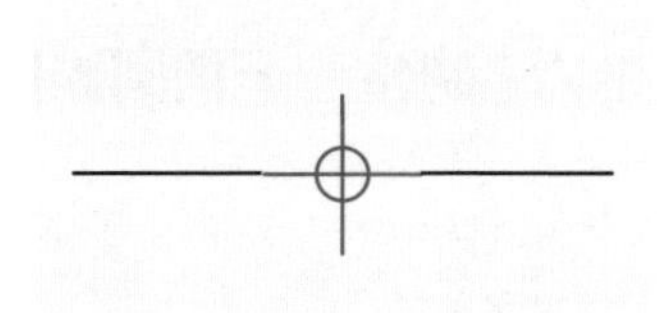

图 4.38　摆放纸板

图 4.39　画水平线并标记中点

④ 如图 4.40 所示，在中点 O 的左右两侧各标出 5 个点，并以 1cm 为单位长。

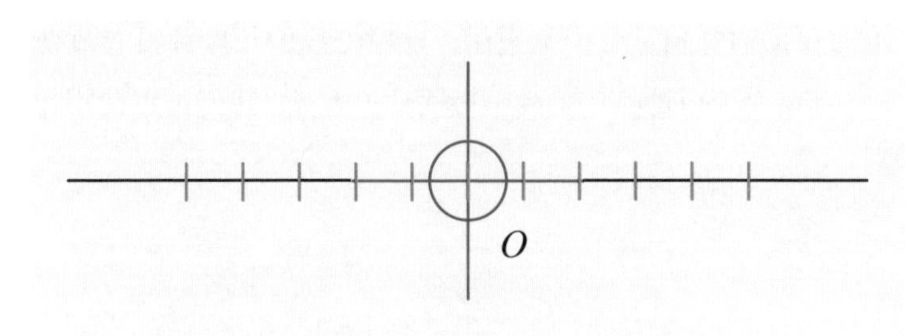

图 4.40　在中点 O 的左右两侧各标出 5 个点

⑤ 取一根大约 15cm 长的细线，从其中一个端点起，标记出 2.5cm 的长度。再从标记点开始，标记出下一个距离 2.5cm 的点，依此类推。

⑥ 在 O 点穿个小洞，将细线对折后，从纸板的背面穿过小洞，直到纸板前面细线的长度为 10cm。用胶带将细线固定于纸板的背面。

⑦ 好玩的来了。在纸板前面，将削尖的铅笔套在细线上，拉紧这根细线，使得铅笔的笔尖距离 O 点为 5cm。拉紧细线，并让铅笔在纸板上垂直地画出一个路径，绕行完整的一圈。我们会画出什么呢？应该是一个半径为 5cm 的圆（见图 4.41）。

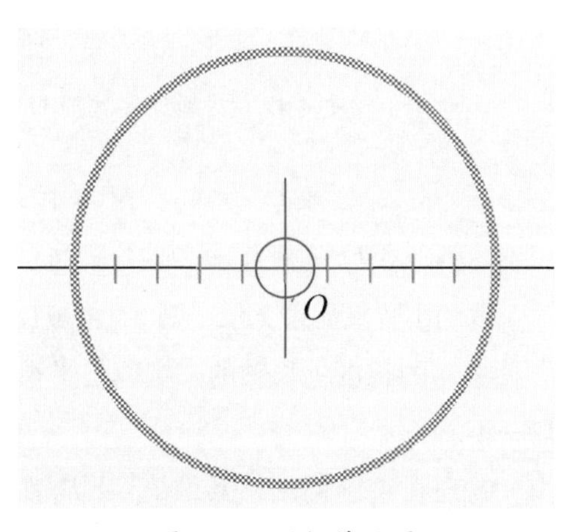

图 4.41　用铅笔画圆

练习五十六：制作一个椭圆族模型

现在开始有趣了。先移除胶带并将细线拉出，然后再次从纸板背面插入细线，穿过各自距离 O 点 1cm 的 F_1 及 F_2 两个孔，会发生什么事？

① 将细线穿过 F_1 及 F_2 两个孔，纸板前面留有 10 cm 的长度。

② 再次将削尖的铅笔套在细线上，使铅笔的笔尖距离 F_1 及 F_2 分别是 5cm，如图 4.42 所示。同样保持细线绷紧和铅笔垂直在纸板上作图。能画出什么？应该是一个**椭圆**。

③ 短轴和长轴分别是多少？记住，这根细线的长度并没有改变。在图 4.42 中，竖直高度（短轴的一半或半短轴长）为 b，我们可以使用勾股定理进行计算。

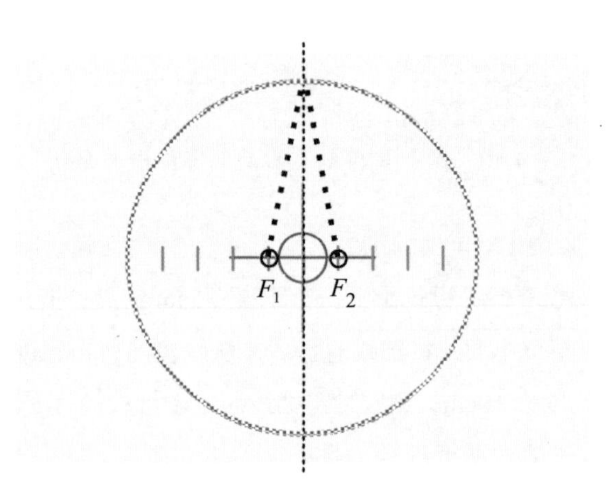

图 4.42　将细线穿过距 O 点 1cm 的两个孔作图

$$b^2 + 1^2 = 5^2$$

$$b^2 = 5^2 - 1^2 = 25 - 1 = 24，b = \sqrt{24} \approx 4.8990(\text{cm})$$

取到小数点后第 2 位，则 b ≈ 4.90 (cm)。

④ a 的长度（长轴的一半或是半长轴长）是 5cm，可用简单的计算检验一下。

⑤现在绘制椭圆，其中 F_1 及 F_2 距离 O 点分别为 2cm、3cm、4cm 和 5cm。你应该得到如图 4.43 所示的图形，一个用相同的长轴画出的椭圆族。

（针对椭圆，这将是一个计算 b 值的有效练习。）

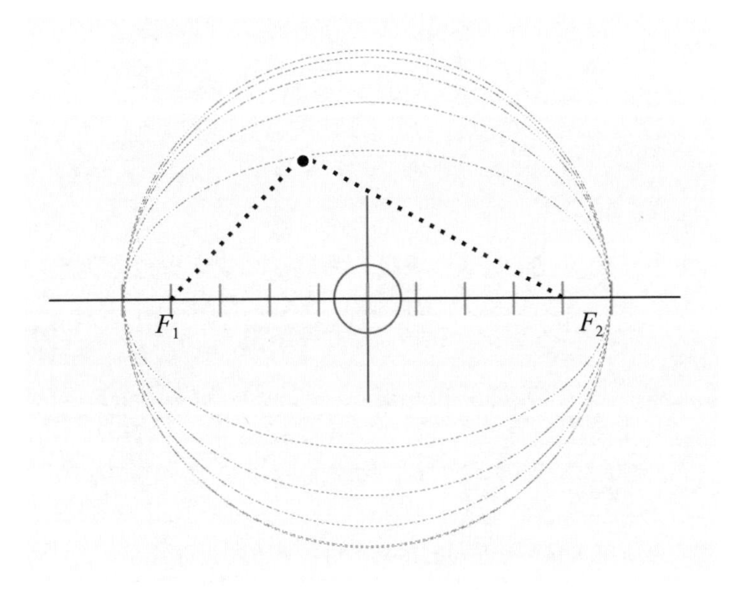

图 4.43　椭圆族

下面这些都是学生必须知道的：如果 c 是 F_1 与 F_2 之间的距离（两焦点间的距离），那么，我们发现 $e = c / (2a)$，e 为椭圆的离心率，a 是半长轴的长。而且，如果椭圆的半短轴的长为 b，那么

$$e^2 = 1 - (b^2 / a^2)$$

针对上述例子，我们知道 $c = 8$ cm，$a = 5$ cm，那么 e 和 b 又是多少呢？

由于 $e = c / (2a)$，则 $e = 8 / (2 \times 5) = 8/10 = 0.8$(cm)。

又已知 $e^2 = 1 - (b^2 / a^2)$，则 $0.8^2 = 1 - (b^2 / 5^2)$，也就是 $0.64 = 1 - (b^2 / 5^2)$，$b^2 / 5^2 = 1 - 0.64 = 0.36$，$b^2 = 0.36 \times 5^2 = 9$，所以 $b = 3$(cm)。

检查所画的图，验证计算结果的正确性。

就椭圆本身而言，能进行这样的计算就已足够。开普勒第二定律很难理解，因此我们置而不论，只要知道当行星距离太阳较近时绕行的速度较快就行了。

练习五十七：开普勒第三定律

观察如图 4.44 所示的内容。

	月球	水星	金星	地球	火星	木星	土星
和太阳的平均距离（单位为百万千米）		57.91	108.21	149.60	227.94	778.34	1427.01
恒星周期（绕行一圈的时间，单位为天）		87.969	224.701	365.26	686.98	4332.59	10 759.20

图 4.44　行星到太阳的平均距离以及轨道周期

① 找出两颗内行星（金星和水星）的单一轨道的地球日数字。

金星：224.701　　　　　　水星：87.969

② 找出 3 颗外行星（火星、木星和土星）的单一轨道的地球日数字。

火星：686.98　　　　　　木星：4332.59

土星：10 759.2

③ 计算这些时间与地球年的比值，假设 1 地球年为 365.26 天（例如，对水星来说，这个比值是 $87.969 \div 365.26 \approx 0.241$，保留 3 位小数）。

水星	金星	地球	火星	木星	土星
0.241		1			
	0.615		1.88	11.86	29.456

④ 探索开普勒第三定律。开普勒告诉我们，$T^2 = kR^3$，其中 T 是轨道周期，R 是行星到太阳距离的平均值，k 是一个常数，它取决于使用的单位。在此，取 $k = 0.039\ 84$。

对于金星来说：

左边　$T^2 = 224.701 \times 224.701 \approx 50\ 490.54$

右边　$kR^3 = 0.039\,84 \times 108.21 \times 108.21 \times 108.21 \approx 50\,480.25$

对于火星来说：

左边　$T^2 = 686.98 \times 686.98 \approx 471\,941.52$

右边　$kR^3 = 0.039\,84 \times 227.94 \times 227.94 \times 227.94 \approx 471\,825.01$

对于土星来说：

左边　$T^2 = 10\,759.2 \times 10\,759.2 \approx 115\,760\,384.64$

右边　$kR^3 = 0.039\,84 \times 1427.01 \times 1427.01 \times 1427.01 \approx 115\,771\,158.52$

所以，左边与右边非常接近。

⑤ 矮行星谷神星到太阳的平均距离为 375 百万千米，假设它遵循开普勒第三定律，那么它的轨道周期将会是多少？

$kR^3 = 0.039\,84 \times 375 \times 375 \times 375 = 2\,100\,937.5 = T^2$

所以，$T = \sqrt{2\,100\,937.5} \approx 1449$（天）。

各种节奏间的关系

不仅有大的节奏，也有小的节奏。大节奏和小节奏的关系有点像宏观与微观。令人惊讶的是，有一个非常重要的例子，它涉及我们所有人，以及整个太阳系。

人类和宇宙的节奏

柏拉图宇宙年（见图 4.45）与人类寿命的关系，乃至和我们一天中呼吸次数的关系都很密切，正如鲁道夫·斯坦纳所指出的：“这是我的第一次邂逅。这是一个值得检验的关联性。”

→ platonic cosmic year

When the sun rises on the first day of Spring (ie. the vernal equinox) it is in a particular constellation. Each year, the place of sunrise at the vernal equinox moves a little bit along the zodiac. This means that in the course of time there is a gradual shift through all the zodiac constellations of the starry world. After a certain period of time, the place of Spring's beginning must again be in the same spot in the heavens and for the place of its rising the sun has travelled once around the entire zodiac. Astronomers have calculated that this journey of the sun takes approx. 25,920 years. This period of time is called the PLATONIC COSMIC YEAR and is also sometimes referred to as the PRECESSION of EQUINOXES.

Thus we find the same interval in the human being (microcosm) as in the largest interval, the macrocosm.

当春天太阳第一次升起（也就是春分）时，它是一个特别的星座排列。每一年春分太阳升起的位置都会往黄道带靠近一点，这意味着恒星世界的黄道十二宫会渐渐移位。隔一段时间后，春天开始的位置必须回到同一个点上，太阳升起的位置也绕了黄道带一圈。天文学家估算这需要25 920年。这一段时间就叫作柏拉图宇宙年，有时候也叫分点岁差。我们人体（微观宇宙）也有和宏观宇宙相同的时间间隔。

图 4.45　柏拉图宇宙年

练习五十八：微观和宏观节奏的对应关系

① 用一只手表或计时器，让学生在课堂上测量他们每分钟呼吸的次数。每分钟呼吸的次数 $B = 16 \sim 20$ 次（成年人平静的状态下）。

② 找出班上 n 个学生呼吸次数的平均值。

x =（班上学生 B 值的总和）/ n

这大约应该是 18 次，对于这个年龄而言还是少了一点。

③ 现在，计算一下每人每天呼吸的次数是多少。

18 次 × 60 分钟 × 24 小时 = 25 920 次 / 天

每人每天大约呼吸 26 000 次。

④ 太阳与群星具有同一个周期，就是所谓的柏拉图宇宙年。根据天文学家的评估，这是多长时间呢？

从图 4.45 可知，太阳是 25 920 年。

⑤ 如果人类的平均寿命是 70 年（虽然许多人的寿命远大于这个数，但人类整体的平均寿命目前就是这样）。

一年用 360 天计算，然后 360 × 70 是多少？　25 200

如果人的平均寿命是 72 年，然后 360 × 72 是多少？　25 920

⑥ 制作一个如下的表格：

名 称	计 算	结 果
每人每天呼吸的次数	18 × 60 × 24	25 920
人一辈子的平均天数	360 × 72	25 920
柏拉图宇宙年		25 920

我们不仅有非常大和非常小的节奏，现在我们又发现，它们透过数字的魔力链接在了一起。甚至有一个中介，那就是我们特有的生命本身！将这些摆在一起，全都变得有趣了——人类真的是宏观中的微观表现。

致　谢

我要向斯坦纳学校的许多同事致谢，他们曾同我讨论，并运用他们的所学提供帮助，还曾给我一些挑战。在数学领域中，我要感谢的有柯林斯、库珀以及莱特。还有一位更早的指引者，他是利斯布立基。

我还要感谢自己的学生。在本书中，我收录了他们的部分作品，有的写出了名字，有的姓名未知或不确定。此外，我要感谢我的几位好友，他们都乐意与我分享自己的心得，尤其是波斯特、波顿以及（已经离开我们的）麦克休。他们永远支持我进行数学研究。

同样地，对我永远视之如师，却也是我亏欠最多的爱德华（于 2003 年去世），还有汤马士与卡德乌，我也怀着同样的感激之情。而希尔则常常鼓励我。杰克布森允许我使用她那令人赏心悦目的作业中的一些素描图，对此我十分感激。

过去的学生，如费雪、古德曼、保罗、丹尼尔、方克、迪基、范图恩、艾利斯，都曾带给我诸多启发。我也没有忘记马可、安妮卡与克蕾尔。泰利带我看了几只蜗牛，密斯凯莉的海胆让人惊艳不已，伊莲给了我她拍摄的树叶的照片，威廉斯编织的双曲图形必然会编入下一版的“孔洞与皱褶”小节中。这些相关的模型都是由学生创造出来的。

对于我研究的这些主题，这些我认为多少包含一点数学的东西，所有这些人都给予了帮助。他们对本书终稿的正面回馈，我也深怀感激。

最后，我必须感谢我的夫人诺玛，她所看到的大自然中的一些小事引起了我的注意，让我进行更深层的思考。更不用说她的耐心与探索之心。我希望这能永远持续下去！

约翰·布莱克伍德

参考文献

Abbott, Edwin A. (1999, originally published 1884) Flatland *—A Romance in Many Dimensions,* Shambala, Boston and London

Alder, Ken (2002) *The Measure of all Things,* Little, Brown, London

Ball, Philip (1999) *The Self-Made Tapestry,* Oxford University Press

Bentley W A and Humfreys W J (1962 first published 1931) *Snow Crystals,* Dover Books

Blatner, David (1997) *The Joy of π,* Penguin, London

Bockemühl, Jochen (1992) *Awakening to Landscape,* Natural Science Section, The Goetheanum, Dornach, Switzerland

Bortoft, Henri (1986) *Goethe's Scientific Consciousness,* Institute for Cultural Research

— (1996) *The Wholeness of Nature,* Lindisfarne, New York, and Floris Books, Edinburgh

Casti, John L (2000) *Five More Golden Rules,* John Wiley, New York

Clegg, Brian (2003) *The First Scientist,* Constable, London

Colman, Samuel (1971, first published 1912) *Nature's Harmonic Unity,* Benjamin Blom, New York

Cook, Theodore Andreas (1979, first published 1914) *The Curves of Life,* Dover Books

Daintith, John and Nelson R. D., (1989) *Dictionary of Mathematics,* Penguin, London

Davidson, Norman (1985) *Astronomy and the Imagination,* Routledge, London

— (1993) *Sky Phenomena,* Lindisfarne, New York, and Floris Books, Edinburgh

Doczi, Gyorgy (1981) *The Power of Limits,* Shambala, Colorado

Eisenberg, Jerome M (1981) *Seashells of the World,* McGraw-Hill, New York

Edwards, Lawrence (1982) *The Field of Form,* Floris Books, Edinburgh

— (2002) *Projective Geometry,* Floris Books, Edinburgh

— (1993) *The Vortex of Life,* Floris Books, Edinburgh

Endres, Klaus-Peter and Schad, Wolfgang (1997) *Moon Rhythms in Nature,* Floris Books, Edinburgh

Folley, Tom and Zaczek, Iain (1998) *The Book of the Sun,* New Burlington, London

Gaarder, Jostein (1995) *Sophie's World,* Phoenix House, London

Garland, Trudi Hammel, *Fascinating Fibonaccis,* Dale Seymour, New York

Ghyka, Matila (1977) *The Geometry of Art and Life,* Dover Books, New York

Gleick, James (1987) *Chaos,* Penguin Books, New York

Golubitsky, Martin and Stewart, Ian (1992) *Fearful Symmetry,* Blackwell, Oxford

Goodwin, Brian (1994) *How the Leopard Changed Its Spots,* Weidenfeld and Nicholson, London

Guedj, Denis (1996) *Numbers: The Universal Language,* Thames and Hudson, London

Gullberg, Jan (1997) *Mathematics, From The Birth Of Numbers,* Norton, New York

Hawking, Stephen (2001) *The Universe in a Nutshell,* Bantam, London

Heath, Thomas L. (1926) *The Thirteen Books of Euclid,* Cambridge University Press

Hoffman, Paul (1998) *The Man Who Loved Only Numbers,* Fourth Estate, London

Holdrege, Craig (2002) *The Dynamic Heart and Circulation,* AWSNA, Fair Oaks

Hoyle, Fred (1962) *Astronomy,* Macdonald, London

Huntley, H. E. (1970) *The Divine Proportion,* Dover Books

Kollar, L. Peter (1983) *Form,* privately published, Sydney

Kuiter, Rudie H (1996) *Guide to Sea Fishes of Australia,* New Holland, Sydney

Livio, Mario (2002) *The Golden Ratio,* Review, London

Lovelock, James (1988) *The Ages of Gaia,* Oxford University Press

Maor, Eli (1994)*e: The Story of a Number,* Princeton University Press

Mandelbrot, Benoit B (1977) *The Fractal Geometry of Nature,* W. H. Freeman, New York

Mankiewicz, Richard (2000) *The Story of Mathematics,* Cassell, London

Marti, Ernst (1984) *The Four Ethers,* Schaumberg Publications, Roselle, Illinois

Miskelly. Ashley (2002) *Sea Urchins of Australia and the Indo-Pacific,* Capricornia Publications, Sydney

Moore, Patrick and Nicholson Iain (1985) *The Universe,* Collins, London

Nahin, Paul J (1998) *The Story of* $\sqrt{-1}$, Princeton University Press

Pakenham, Thomas (1996) *Remarkable Trees of the World,* Weidenfeld & Nicolson, London

Peterson, Ivars (1990) *Islands of Truth,* W. H. Freeman, New York

Peterson, Ivars (1988) *The Mathematical Tourist,* W. H. Freeman, New York

Pettigrew, J. Bell (1908) *Design in Nature,* Longs, Greens and Co., London

Plato, *Timaeus*

Posamentier, Alfred S, and Lehmann, Ingmar (2004) *A Biography of the World's Most Mysterious Number,* Prometheus Books, New York

Richter, Gottfried (1982) *Art and Human Consciousness,* Anthroposophic Press, New York, and Floris Books, Edinburgh

Ruskin, John (1971, originally 1857) *The Elements of Drawing,* Dover Books

Saward, Jeff (2003) *Labyrinths & Mazes,* Gaia Books, Stroud

Schwenk, Theodor (1965) *Sensitive Chaos,* Rudolf Steiner Press, London

Sheldrake, Rupert (1985) *A New Science of Life,* Anthony Blond, London

Sobel, Dava (2005) *The Planets,* Fourth Estate, London

Steiner, Rudolf (1984, originally 1923) *The Cycle of the Year,* Anthroposophical Press, New York

— (1972, originally 1920) *Man: Hieroglyph of the Universe,* Rudolf Steiner Press, London

— (1960, originally 1922) *Human Questions and Cosmic Answers,* Anthroposophical Publishing Company, London

— (1991, originally 1914) *Human and Cosmic Thought,* Rudolf Steiner Press, London

— (1961) *Mission of the Archangel Michael,* 6 lectures given in Dornach, Switzerland, in 1919, Anthroposophic Press, New York, USA

— (1997, originally 1910) *An Outline of Esoteric Science,* Anthroposophic Press, New York

— *The Relation of the Diverse branches of Natural Science to Astronomy,* 18 lectures given in Stuttgart, Germany, in 1921

Stevens, Peter S. (1974) *Patterns in Nature,* Penguin, New York

Stewart, Ian (1989) *Does God Play Dice,* Penguin

— (1998) *Life's Other Secret,* Penguin

Stewart, Ian (2001) *What Shape is a Snowflake?* Weidenfeld and Nicolson, London

Stockmeyer, E.A.K (1969) *Rudolf Steiner's Curriculum for Waldorf Schools,* Steiner Schools Fellowship

Strauss, Michaela (1978) *Understanding Children's Drawings,* Rudolf Steiner Press, London

Tacey, David (2003) *The Spirituality Revolution,* Harper Collins, Sydney

Thomas, Nick (1999) *Science between Space and Counterspace,* Temple Lodge Books, London

Thompson, D'Arcy Wentworth (1992, originally 1916) *On Growth and Form,* Dover Books

Van Romunde, Dick (2001) *About Formative Forces in the Plant World,* Jannebeth Roell, New York

Wachsmuth, Guenther (1927) *The Etheric Formative Forces in Cosmos, Earth and Man*, New York

Wells, David (1986) *The Penguin Book of Curious and Interesting Numbers,* London

Wolfram, Stephen (2002) *A New Kind of Science,* Wolfram Media

Whicher, Olive (1952) *The Plant Between Sun and Earth,* Rudolf Steiner Press, London

— (1971) *Projective Geometry,* Rudolf Steiner Press, London

— (1989) *Sunspace,* Rudolf Steiner Press, London

Zajonc, Arthur, (1993) *Catching the Light,* Bantam, New York

图书在版编目（CIP）数据

数学也可以这样学 ：自然、空间和时间里的数学 / (澳) 约翰·布莱克伍德 (John Blackwood) 著 ；洪万生等译. -- 北京 ：人民邮电出版社，2019.9
ISBN 978-7-115-51494-3

Ⅰ. ①数… Ⅱ. ①约… ②洪… Ⅲ. ①数学一学习方法 Ⅳ. ①04

中国版本图书馆CIP数据核字(2019)第117788号

◆ 著　　　　[澳]约翰·布莱克伍德（John Blackwood）
　译　　　　洪万生　廖杰成　陈玉芬　彭良祯
　责任编辑　李　宁
　责任印制　陈　犇

◆ 人民邮电出版社出版发行　　北京市丰台区成寿寺路 11 号
　邮编　100164　　电子邮件　315@ptpress.com.cn
　网址　http://www.ptpress.com.cn
　北京世纪恒宇印刷有限公司印刷

◆ 开本：690 × 970　1/16
　印张：12　　　　　　　　2019 年 9 月第 1 版
　字数：171 千字　　　　　2024 年 11 月北京第 33 次印刷

著作权合同登记号　图字：01-2017-9026 号

定价：59.00 元

读者服务热线：(010) 81055410　印装质量热线：(010) 81055316
反盗版热线：(010) 81055315
广告经营许可证：京东工商广登字 20170147 号